插图本中国建筑雕塑史丛书

元代建筑雕塑史

史仲文——丛书主编
云峰——主编

上海科学技术文献出版社
Shanghai Scientific and Technological Literature Press

图书在版编目（CIP）数据

元代建筑雕塑史 / 史仲文主编 . —上海：上海科学技术文献出版社 ,2022
（插图本中国建筑雕塑史丛书）
ISBN 978-7-5439-8420-2

Ⅰ . ①元… Ⅱ . ①史… Ⅲ . ①古建筑—装饰雕塑—雕塑史—中国—元代 Ⅳ . ① TU-852

中国版本图书馆 CIP 数据核字 (2021) 第 181491 号

策划编辑：张　树
责任编辑：付婷婷　张亚妮
封面设计：留白文化

元代建筑雕塑史
YUANDAI JIANZHU DIAOSUSHI
史仲文 丛书主编　云　峰 主编
出版发行：上海科学技术文献出版社
地　　址：上海市长乐路 746 号
邮政编码：200040
经　　销：全国新华书店
印　　刷：商务印书馆上海印刷有限公司
开　　本：720mm×1000mm　1/16
印　　张：13
字　　数：193 000
版　　次：2022 年 1 月第 1 版　2022 年 1 月第 1 次印刷
书　　号：ISBN 978-7-5439-8420-2
定　　价：88.00 元
http://www.sstlp.com

CONTENTS

目录

元代建筑雕塑史

元代建筑雕塑史

YUAN DAI JIAN ZHU DIAO SU SHI

云峰

第一章

概　述

元朝是中国历史上第一个少数民族入主中原的统一王朝。

蒙古族是游牧于我国北方草原上的古老民族。据史学界研究，一般认为蒙古族属东胡系统，是由室韦的一支发展而来。“蒙古”这一名称最早见于《旧唐书》，称其为“蒙兀室韦”，《新唐书》则称为“蒙瓦部”，《辽史》称为“萌古”，又有“朦骨”“盲骨子”“萌古斯”“蒙古里”等异译。起初仅仅是一个部落名称，居望建河（今额尔古纳河）之东，是室韦部落联盟的一个成员。后散布在鄂嫩河、克鲁伦河、土拉河的上游和肯特山一带。公元12世纪末至13世纪初，蒙古孛儿只斤部杰出人物铁木真（1162—1227）把蒙古各部统一起来，于1206年初被推为蒙古大汗，称成吉思汗，建立了蒙古汗国。从此，蒙古汗国所属各部，共用“蒙古”（忙豁勒）这一名称，蒙古族作为一个稳定的民族共同体正式形成。

第一节

元朝政治、经济与文化

>>>

蒙古汗国成立以后，成吉思汗采取了一系列政治、军事措施，在蒙古地区建立分封制度，设置护卫军，颁布“大礼撒”法典，任命“札鲁忽赤”（即断事官）等，巩固了蒙古族内部的统一，发展了蒙古社会政治经济，使蒙古汗国空前强大，蒙古民族呈现出勃勃生机。接着，成吉思汗及其子孙们将这种业绩发扬光大。成吉思汗的继承者，其三子窝阔台汗于 1234 年灭了金朝，1235 年建哈剌和林城（即和林）为蒙古汗国国都，并通过不断的征战，统治了亚洲和欧洲的广大地区。按台山（今阿尔泰山）以西的术赤（成吉思汗长子）、察合台（成吉思汗次子）、窝阔台封地以及旭列兀（成吉思汗四子拖雷之子，伊利汗国创建者）西征后据有的波斯之地，先后成为名义上是大汗藩属实际上拥有独立地位的

成吉思汗画像

△ 成吉思汗，孛儿只斤·铁木真，大蒙古国建立者，他对蒙古诸部的统一战争、对蒙古族共同体的形成起到了重要的作用。

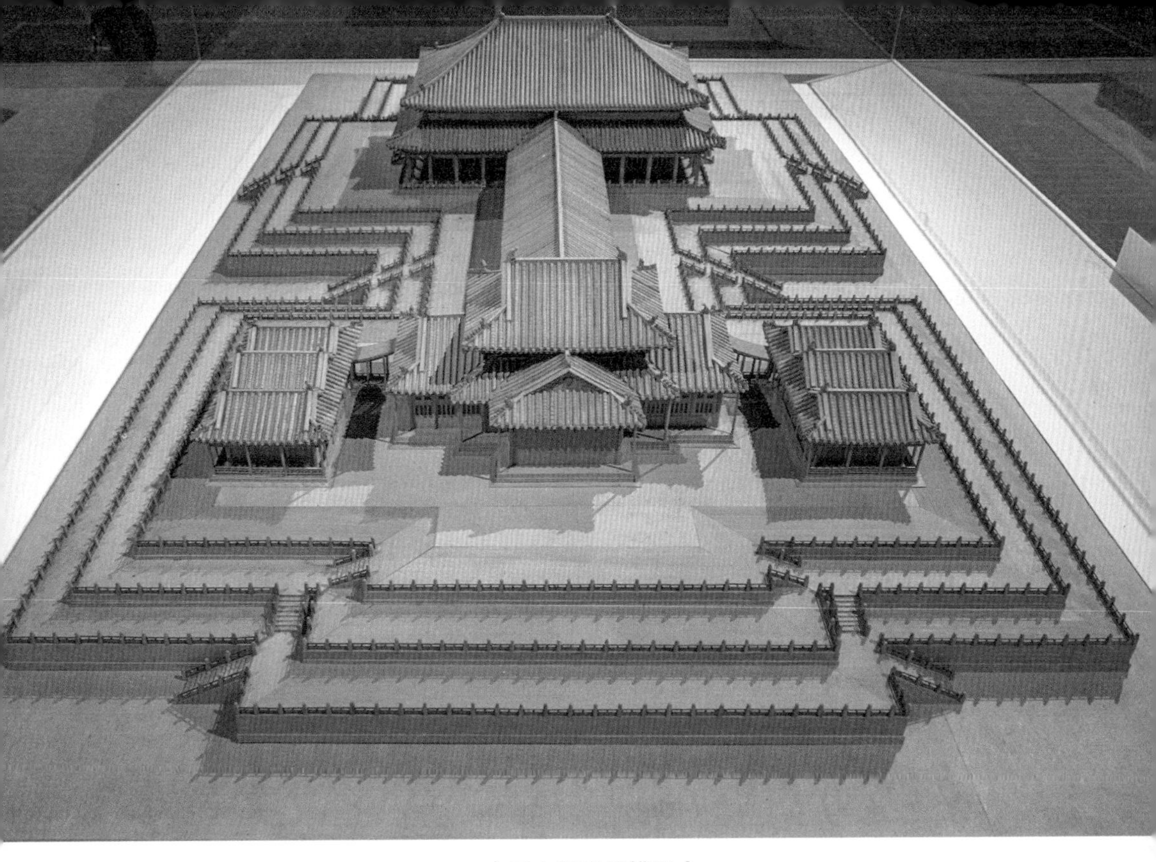

元大都建筑模型

汗国。1260 年，忽必烈（成吉思汗四子拖雷之子）即位，以开平为上都（今内蒙古正蓝旗东 20 千米闪电河北岸）、燕京（今北京）为中都，将政治中心南移。1271 年，取《易经》“大哉乾元”之义，改国号为大元。次年，升中都为大都，定为元朝都城。1279 年，元军攻破崖山，宋帝溺死，积贫积弱的南宋灭亡，全国统一。忽必烈史称世祖，其后又传九代，至 1368 年，明军攻入大都，元顺帝北走上都又转应昌（今内蒙古克什克腾旗西北达里诺尔西）。顺帝继承者据有漠北，仍以元为国号，史称北元。明初官修《元史》，以成吉思汗建蒙古汗国至元顺帝出亡（1206—1368）这段时期称元朝，今史学界一般以 1271 年至 1368 年为元朝。

元朝建立之初，随着蒙古势力的日益深入中原，取得政权，汉地的农业经济逐渐成为元朝立国的根本，政治中心也随之从漠北南移，所以，蒙古统治者非常注意学习汉法。首先，蒙古统治者进入中原后，对具有高度汉文化修养的儒、释、道、医、卜者等文化技术人才非常重视。蒙古人最初对儒者是不够重视的，往往让被俘虏的儒士去做苦役。

后来接受耶律楚材等人的建议及观察，认识到儒者学的是周公、孔子治天下的学问，要管理汉地，没有他们是不行的。因此，把孔孟的庙祀恢复了，孔夫子后裔也封了官。1235 年打南宋，又命姚枢到军中访求儒、释、道、医、卜者等人物，从俘虏中发现了理学家赵复，将他带到北方传授程朱理学。1238 年考试儒士，对合格者准予豁免身役，并选用他们做官或让他们教书。军中所俘儒士，听赎为民。1261 年政府还重申了儒户与免差发的规定。元世祖忽必烈周围，聚集了杨惟中、姚枢、宋子贞、郝经、许衡、张文谦、刘秉忠、窦默等儒学渊博的名士硕儒，以备顾问及讲解经学。对于汉文典籍，元世祖至元九年（1272）置秘书监，掌历代图籍并阴阳禁书。及大兵南发，兵入临安，将南宋秘书省国子监国史院学士院图书由海道舟运至大都秘书所收藏，使大批历代珍贵图书免遭兵火，并在全国广征图书，成为一时佳话。

在统治政策方面基本上继承了汉唐以来的政治经济制度，杂以一些蒙古汗国时的特殊政策。为了顺利施行这套统治政策，蒙古统治者号召蒙古子弟学习汉文化，熟悉中原礼仪政治。早在元太宗窝阔台时期，中书令耶律楚材就召集名儒在东宫讲经，他亲率大臣、子弟听讲。又置“编修所”于燕京，“经籍所”于平阳，倡导学习汉族古代文化，太宗即位六年（1234）设“经书国子学”，以冯志常为总教习，命侍臣子弟 18 人入学，学习汉文化。元世祖忽必烈即位后，正式设立了国子学，以河南许衡为集贤大学士兼国子祭酒，亲择蒙古子弟使教之，遍学儒家经典文史，培养统治人才。元朝前后共举行过 16 次科举考试，蒙古、色目、汉人、南人 1 100 余人中举。由于蒙古学子无论在考试内容与录取名额方面都受优待，客观上促进了他们学习汉族文化的积极性和进取精神。另外，蒙古帝王们自己带头学习汉文化，推动了学习汉文的热潮。如忽必烈自己就非常熟悉汉文典籍、礼仪制度，并能用汉文创作诗歌。文宗、顺帝等人更是可以纯熟地运用汉字进行创作，并且还以法律的形式规定，太子必须学习汉文。一些身居中原的蒙古贵族，羡慕汉文化，还请了儒生当家庭教师教育子女。为了学习方便，还翻译了许多汉文典籍，诸如《通鉴节要》《论语》《孟子》《大学》《中庸》《周礼》《春秋》《孝经》等。

元代蒙古统治者重视学习汉文化，重用汉族官吏及知识分子，推行

汉法，使元朝实际上成为蒙汉及其他民族地主阶级共同统治的封建王朝，是整个中国历代封建王朝的延续。他们在政治经济、文化建设等方面，既承袭前朝惯例，又有新的发展，表现出了多民族交相辉映的时代特色。

但在社会经济方面，蒙古汗国连年发动战争，造成百姓遭屠戮，农田受破坏，财物被掠夺，工匠等技术人才被驱使的局面。蒙古统治者在初入中原时，一度采取管理游牧民族的办法来管理中原汉族地区，使中原地区的社会经济状况出现了逆转。随着其政治经济中心的南移，成吉思汗的子孙们逐步认识到中原地区的重要性，并适应了中原地区的封建经济，统治方法也随之改变。特别是元世祖忽必烈即汗位后，采用汉法，执行了一套中国传统的封建统治方法，使元代社会经济走上了恢复和发展的道路。元代地域辽阔，民族间交往增多，边疆地区得到开发，对外文化贸易交流空前活跃，农业、手工业、商业、交通运输和文学艺术等也得到了长足的发展。这些都为建筑和雕塑的发展，在物质、技术和艺术方面创造了条件。

元大都遗址模型

第二节

元朝建筑与雕塑简述

>>>

元代建筑与雕塑，从宏观方面来看，上承宋、辽、金，下启明、清，又有自己的时代民族特色。其中建筑方面的主要成就表现在城市建筑、宗教建筑以及一些少数民族建筑等方面。

城市建筑突出者为元大都、元上都和北方一些具有军事城堡性质的城郭。

大都是元朝的首都，今天北京城的前身，在当时是世界上规模最大、最宏伟壮观的城市之一。马可·波罗曾说："汗八里（即大都）城内以及和十二个城门相对应的十二个近城居民之多以及房屋的鳞次栉比，真是非想象所能知其梗概的。……无数商人和其他旅客为朝廷所吸引，不断来来往往，络绎不绝。凡世界上最为稀奇珍贵的东西，都能在这座城市见到。"① 其规划设计符合《考工记》中对王城制度形式的要求，是继隋唐长安城、洛阳城以后中国最后一座平地起建的都城。其体制以街巷为主而建成，街道和居民区布置得宜，城内给水、排水系统方便，反映了当时城市规划的先进水平。以大都城为北端终点的大运河，贯穿南北，加强了南北方的经济文化联系。以大都城为轴心的驿站、急递铺等，又将全国连为一体。其宫殿形制上承宋、金，而室内布置又强烈地表现出了蒙古族习俗的痕迹，同时又点缀了个别中亚、阿拉伯的浴室，畏兀儿殿堂等建筑，反映了当时的政治、文化背景。另外，大都城里汉族传统的祭奉天地、社稷、宗庙以及学宫、孔庙等也得到修复或重建。

北方草原是元朝统治者的发祥地，他们先后在这里建了上都城、和林城、集宁路城、应昌路城等城郭。

上都城是元朝的陪都，早在蒙古势力取得北方统治权的1256年就开工建造，是一座既有汉式宫殿楼阁又有草原式毡帐的新兴城市。政治

① 《马可·波罗游记》第2卷第22章，陈开俊等译，福建科学技术出版社，1981年版。

黑山头古城遗址

黑山头古城又名哈萨尔古城，因在额尔古纳市黑山头镇境内而得名。该遗迹对研究蒙古族的起源、发展及蒙古汗国时期直至元朝早期的政治、经济、历史、文化等方面都具有相当重要的学术价值。

元上都遗址

芮城永乐宫纯阳殿

永乐宫，又名大纯阳万寿宫。永乐宫由南向北依次排列着宫门、无极门、三清殿、纯阳殿和重阳殿。在建筑总体布局上，东西两面不设配殿等附属建筑物；在建筑结构上，使用了宋代营造法式和辽、金时期的减柱法。

经济地位十分重要。整座城池分宫城、皇城、外城三部分，受汉族传统宫城建筑形式影响很明显，又富有蒙古民族特色。

和林城是蒙古汗国时期的都城，元朝时岭北行省的治所。明时，北元政权曾据以为都，后废。从考古发掘来看，该城颇为宏大，其中著名建筑物为大汗所居的万安宫，另外还有一些宗教建筑。城区一分为二，有著名的蒙古人居住区和汉族及其他民族居住区。

集宁路古城遗址在今内蒙古西部集宁区东南25千米处，是元代集宁路总管府所在地。全城分里、内、外三城。其形制与元上都、元大都近似，特别是和上都城的形制有许多共同点，说明它受到了我国古代平地筑城形制的明显影响。另外，集宁路城作为一个中等规模的城市，却建筑了非常高大坚固的瓮城，这在元代中原的一些城市是少见的，只有

北方的一些军事重镇才会出现如此情况。

应昌路城是元代弘吉剌部长兴建的城市，城址在今内蒙古赤峰市克什克腾旗境内，是元代地区性中心城市的代表。其城址平面呈长方形，城内南部为街区，东门内有一组高大建筑物，西部有一儒学建筑，北部有一大型院落。元顺帝退出大都，经上都时曾在此处驻扎，奉元朝正朔，后废。

元朝中叶以后，由于手工业和商业的恢复与发展，中原和江南及沿海的若干城市逐步繁荣起来，如中定（济南）、京兆（西安）、太原、涿州、扬州、镇江、苏州、泉州、广州、杭州等城市。为了沟通南自长江、北达沽口（天津）的水运，元朝改建了山东境内的运河，促进了沿河各地的繁荣，又产生了一些新的城镇。这些城镇的产生，是手工业与商业繁荣的结果，从而促进了宋以来临街设店、按行成街的布局，出现了各行各业的作坊、店铺及戏台、酒楼等娱乐性建筑。

在宗教建筑方面，由于元朝统治者执行了一套多种宗教并存发展的政策，所以出现了大批宗教建筑。其中主要有佛教建筑、道教建筑、祠祀建筑与伊斯兰教建筑等，而藏传佛教建筑最盛，形成了元代宗教建筑风格多样、数量众多的特色。

佛教建筑主要有山西洪洞广胜寺、福建晋江六胜塔、四川阆中永安寺、浙江金华天宁寺正殿、河南济源大明寺中佛殿、陕西韩城普照寺等。广胜寺位于山西省洪洞县东北 17 千米处，相传始建于东汉建和元年（147），元成宗大德七年（1303）重建。今下寺和水神庙的建筑基本是元代修建的，是元代佛教建筑的重要遗迹。其中下寺后殿在梁架结构方面采用减柱和移柱法、使用斜梁等，是中国古代建筑技术的独创。特别是流传至今的 13 幅水神庙壁画，是中国建筑绘画方面的宝贵资料。

道教建筑主要有永乐宫、陕西韩城紫云观三清殿等。永乐宫原址在山西省芮城县西 20 千米的永乐镇，现存主要建筑有宫门、无极门、三清殿、纯阳殿和重阳殿等 5 座，除宫门外，其他 4 座均为元代建筑。其结构与形制不仅继承了宋、金时代的某些传统，而且还有大胆的革新创造，给明代建筑技术的发展开辟了新途径，是我国建筑史上不可多得的实物资料。另外，各殿有不少彩色壁画，亦值得珍视。

祠祀建筑主要有河北曲阳北岳庙、河南博爱汤帝殿、陕西韩城九郎庙、山西运城关帝庙、四川遂宁三圣庙等。北岳庙在河北省曲阳县城西南部，是历代帝王祭祀北岳恒山的地方。其中主殿德宁殿重建于元世祖至元七年（1270），为现存最大的元代木结构建筑。德宁殿内还有不少珍贵的壁画，如东西檐墙里壁绘满了元代道教题材的巨幅《天宫图》。

藏传佛教建筑主要有妙应寺白塔、萨迦寺、夏鲁寺、龙泉寺、居庸关云台等。妙应寺白塔是一座典型的藏传佛教形制的佛塔，地处今北京市阜成门内的闹市区，由尼泊尔建筑师阿尼哥设计施工，融汇了中尼两国建筑师及两国人民的智慧与劳动，是中尼两国人民友好交往和文化交流的生动例证。萨迦寺和夏鲁寺均在今西藏自治区境内。萨迦寺是藏传佛教之萨迦派的本寺，分北寺和南寺，南寺为一组十分巍峨壮丽的建筑群，是元代建筑。南寺的主体建筑又为大经堂，其平面呈长方形。其建筑结构与内部梁架均为藏族传统的纵架木梁柱结构。夏鲁寺是一座典型的藏汉综合体建筑，结构布局等有吐蕃遗风，另外明显受到中原汉式结构的影响。其主要建筑是大殿——夏鲁拉康。大殿左右各有一经堂，环绕大殿的是封闭性转经回廊，廊壁绘满壁画。

伊斯兰教建筑主要有山东济南清真寺、河北定州市清真寺、云南昆明市正义路清真寺、新疆霍城吐虎鲁克玛札等。它们的结构和艺术风格形成两种不同体系。一般内陆的已吸取了中国传统建筑的院落式布局与木结构体系，形成了中国伊斯兰教建筑，即中西结合的式样，如山东济南清真寺与河北定州市清真寺。边疆地区，如新疆等地则基本保留了阿拉伯的伊斯兰教建筑形式，如新疆霍城吐虎鲁克玛札。这可以说是中国伊斯兰教建筑史上承前启后、继往开来的时期，既继承了唐宋时期基本保留伊斯兰教原有建筑形式的做法，又为明清大批中西结合的伊斯兰教建筑的出现开了先河。

另外，元代为了配合天文学的发展，还修建了几处天文台，蒙古民族独特的建筑居室“蒙古包”也传入中原，受到各民族人民的喜爱。

在这建筑大发展的基础上，元代还出现了建筑学著作，也有不少著作涉及建筑学内容，从而又推动了建筑学的发展。如元代官方编纂的《经世大典》，其中“工典”分为22项，一半以上同建筑有关。薛景石著的《梓人遗志》是一部关于木工技艺与纺织技术的著作。可惜这两部书大部分内容已失传。《梓人遗志》今散见于《永乐大典》。其中有世祖中统四年（1263）段成己序，“古攻木之工七：轮、舆、弓、庐、匠、车、梓，今合而二，而弓不与焉。”可知此书内容包括建筑中的大木作、小木作及其他木工技术。《永乐大典》中卷3 518～3 519真门制两卷，前一卷中有格子门、板门两类制造法式，均收自《梓人遗志》。另元代尚有民间匠师用书《鲁班营造正式》，记录民间尤其是南方建筑形式和尺寸。明代以此为底本改编成《鲁班经》，增加了大量家具、农具做法的资料。

元代石雕

元代雕塑由于受到统治阶级的重视和建筑、工艺美术、文学艺术等艺术品种的影响，亦取得了一定程度的发展。上都、大都各种宫殿坛庙的石雕、木雕、琉璃制品，全国各地的寺庙塑像、石窟造像等，展示了元代雕塑艺术的概貌。其中突出者为佛教道教雕塑造像、陵墓雕刻及装饰工艺品等。

佛教雕塑造像尤受元统治者重视，其中藏传佛教的梵像为元代所特有，成就也最高。主要作品有敦煌莫高窟元代塑像，杭州西湖飞来峰梵式造像，山西晋城青莲寺泥塑地藏王菩萨、睡罗汉像，北京西郊十方普觉寺（俗称卧佛寺）的铜铸佛涅槃像，山西洪洞广胜下寺大殿的三世佛与文殊、普贤菩萨像，北京居庸关过街塔基座券洞浮雕等几十处。

敦煌莫高窟今可确定为元代塑像者有 9 尊，主要为天王、菩萨及世俗公主像。形式方面包括藏密系统和汉密系统。但不论是典型的藏密梵像还是受到传统佛教影响的塑像，均与传统的佛教造像有一定程度的不同。其显著特点在于雕刻细腻、装饰华丽，但对人物内在感情刻画不够。另有不少精美的壁画。

杭州西湖飞来峰元代造像有 116 尊。其中梵式 46 尊，汉式 62 尊，受梵式影响的汉式造像 8 尊。而梵式又为其精华，历来受到论者的赞赏。梵式从造像内容方面来看，有佛、菩萨、佛母、护法等四大类。艺术特点方面，造像的佩饰、服装及肌肤等刻画与众不同，追求圆润滑腻的艺术效果；人体比例匀称协调，动作姿态变化多端；用色结构等注重装饰性。虽然总体上呈现了宋代以后中国佛教石窟雕刻艺术日渐衰落的迹象，但其仍有独特影响。它受多种文化的渗透，取得了杰出的艺术成就。

道教是元代仅次于藏传佛教的另一大宗教，其两大教派全真道和正一道分别流布于南北各地。在雕塑造像方面主要有山西龙山石窟道教造像，山西晋城玉皇庙二十八星宿神像，山西洪洞龙王庙明应王殿的明应王、四近侍、四官员塑像，湖北均县武当山华阳崖、玉虚岩的真武帝君、雷部诸神雕像，以及上都、大都的许多宫观塑像等。这些道教造像在艺术手法方面，继承了五代及宋时期道教造像的传统手法，并加以发展，在继承中可看出自己的特色。

山西龙山石窟道教造像位于今太原市西南 20 千米处，共有 8 龛。

主要是道教的最高神祇元始天尊、太上道君、太上老君等三清造像。其特点是既继承五代、宋道教造像的传统技法，又受当时佛教造像的影响，人物形象和服饰及台座装饰等都是元代的样式。只是在雕刻手法上虽朴实敦厚，但显松软，较少变化。

山西晋城玉皇庙二十八星宿神像，是一批较为完整的有着人物和动物形象的泥塑，堪称元代道教塑像之精品。其艺术形象表情各异、形神皆备，对研究元代艺术和了解我国古代星相学、二十八星宿图形标志的变化有重要参考价值。

元代陵墓雕塑最显著的一个特点是由于蒙古民族的丧葬习俗，皇帝陵墓至今未被发现，所发现者多为官吏和富庶人家的陵墓。其中与雕塑有关的又以陶俑和砖雕为主。如陕西西安曲江池西村的元京兆总管府奏差提领经历段继荣夫妇合葬墓，出土陶男女俑和陶马 30 多件；户县秦渡的元左丞相上柱国秦国公贺胜墓，出土陶俑 90 多件；西安曲村的耶律世昌夫妇合葬墓，出土各式陶俑 90 多件。这些陶俑无论男女，在服饰、装扮、人物形象等方面，均呈蒙古民族特征，异常强劲和富有朝气，显示了其时代与民族特征。

有砖雕内容的陵墓，就目前发掘出来的看，主要集中在山西省境内，如山西新绛县吴岭庄卫忠家族合葬墓、山西新绛县寨里村元墓、山西侯马赵姓从葬墓等。这些砖雕雕刻十分精美，内容主要是反映元杂剧的演出情况及社火、马球等文娱、体育活动，不仅在雕塑史上具有重要意义，而且对研究中国古代戏曲、音乐、体育等也甚为珍贵。

另外，一些伊斯兰陵墓也有不少雕刻作品。如在福建泉州清净寺内、杭州清波门外、北京牛街清真寺内、扬州普哈丁墓等处，存留有不少雕刻精致的墓石或须弥座，反映了中外文化交流的一些特色。

装饰工艺品方面，附丽于宫殿、庙宇、祠堂、府第、民居、牌坊、桥梁等建筑物上的雕塑作品，从元上都、元大都等处遗址的出土文物可略窥一斑。文物中有雕刻精美的螭首、龙凤、狮麟等，还有大量质地为金、银、玉、玛瑙、铜、陶、瓷、竹、木、石、泥等工艺品。题材与表现形式多种多样，代表了一部分雕塑艺术品脱离宗教礼拜偶像性质而转向世俗以审美为主的发展趋势。突出者如元大都旧址出土的多件元青花瓷；浙江海

西湖古清波门碑

宁元贾椿墓中出土的漆器、瓷器、玉器；内蒙古赤峰三眼井元墓中出土的多件瓷器；故宫博物院藏张成制作的剔红山水人物圆盒、剔红花卉圆盘，杨茂制作的剔红花卉渣斗等。这些装饰工艺品，在技法上既继承了唐宋的传统手法，又有鲜明的时代特色，对明清也产生了重要影响。

元代雕塑家见于史书记载的有阿尼哥、刘元、杨琼、张柔、段天佑、邱大亨、李合宁、也黑迭儿、张生、朱碧山诸人。其中以阿尼哥和刘元最为著名。阿尼哥为尼泊尔人，“凡两京寺观之像，多出其手”，其他地方的寺观及其雕塑他也参与其间或影响及之。刘元为阿尼哥弟子，与阿尼哥一起主持和建造梵式造像和道教造像，确立了元代梵像造像和道教造像的风格，影响所达，远及明清。

另外，元代还出现了记述绘画、雕塑的著作《元代画塑记》。此书为官修《经世大典·工典》中的一部分，记录了元代的雕塑、绘画管理机构的情况及其活动。由于这些雕塑、绘画作品有的早已失传，其他文献又少有记载，所以在中国雕塑、美术史上具有重要价值。

第二章

元大都

2

大都是元朝的首都。地处现在的北京小平原，三面有山环绕，东南一带在古代为大片沼泽地。西南角接近太行山，地势较高，是通向华北大平原的门户。东北及西北可通过南口与古北口峡谷，通往蒙古高原及松辽大平原，使其南下可以控制全国，北上又接近原来的根据地，所以元朝统治者选择这里作为首都。

大都十分宏伟壮丽，在当时可说是世界上首屈一指的城市。当时不少诗人咏歌赞叹它，不少外国友人、游客也为它的繁华壮观而倾倒。今天的北京，就是在元大都城的基础上加以改造、扩建和发展起来的。元大都城在北京的发展历史上，起了一个承前启后的作用，占有特别重要的地位。

元大都平面图

第一节
大都建城前的状况及其建筑过程

\>>>

今天的北京是在元大都的基础上建设发展起来的，但北京的历史可以追溯得更加久远。

据有关史料记载，北京作为一个城市，其历史大约有 3 000 年。早在商朝时期，北京地区就出现了居民部落。到了周代，这里是诸侯国燕国的都城蓟的所在地[①]。至春秋战国时期，蓟城已发展为“天下名都”之一。其众多的人口、发达的商业和手工业、丰富的文化艺术，受到人们的向往和称赞。

秦灭六国，为了加强中央的集权统治，在全国实行郡县制，其中广阳郡的治所，就在蓟城。从汉代开始，设置幽州，其刺史治所也在蓟城。后历经魏、晋、南北朝、隋、唐，基本上沿袭了这一格局。所以，在习惯称呼上，人们也常将蓟城叫作幽州城。唐代的幽州城，南北 4.5 千米，东西 3.5 千米，开 10 门，是当时的一座名城。

到了契丹族崛起建辽，北京成为辽五京之一的南京幽都府（后改析津府）。辽圣宗开泰元年（1012），又改称燕京。在辽的五京之中，上京临潢府（今内蒙古自治区赤峰市巴林左旗南）是首都，其他四个是陪都。但从城市的规模来说，燕京最大，人口最多。同时也正是从辽代开始，燕京的政治地位发生了很大变化，开始由地区性的首府向全国的政治中心过渡。

辽代的燕京城大体上沿袭原来幽州城的格局，但也有一些变动。据《辽史》和《三朝北盟会编》等史书记载，燕京城周长 13.5 千米，城墙

① 沈括《梦溪笔谈》卷二十五。其中说蓟的得名，是由于到处生长着开紫红花的蓟草的缘故。

“崇三丈，衡广一丈五尺，敌楼战橹具”。东、西、南、北各有2门。城墙外有“地堑三重”，城门上有吊桥。城址在今北京西南的广安门一带，其东城墙在今法源寺与琉璃厂之间。

12世纪上半期，地处东北的女真族建金灭辽，燕京又成为金的中都。起初金朝仿辽代的南北院制度，一面是“朝廷宰相，自用女真官号”；另一面是设置中书省枢密院，搜罗燕京及其邻近地区汉族地主阶级的代表人物，任以官职，管理汉地各种事务。中央政权，亦即朝廷，设在上京会宁府（今黑龙江省阿城区白城村）。燕京是中书省枢密院所在地，管理汉地事务。1149年，女真贵族完颜亮发动政变，夺得皇位，改元天德。天德三年（1151）三月，完颜亮下令“广燕城，建宫室”。四月，正式决定迁都燕京。他派张浩、卢彦伦负责燕京的营造工作，先后3年方成。贞元元年（1153）三月，正式迁都，并将燕京改为中都，改析津府为大兴府。燕京从而由辽代的陪都变为金代的首都，其在全国政治经济生活中的地位大大加强了。

辽、金以至后来的元朝，将自己的政治经济中心由边疆一隅移至燕京，是有其深刻的政治和经济原因的。明了这一点，对认识元大都的确立和建设是非常重要的。以金朝为例，从政治角度看，当时与南宋以淮河和大散关为界，北方广大的农业区归金朝统治。为了有效地统治这一地区，将首都设在远在东北的上京会宁府，显然很不方便。为了加强对淮水以北广大地区的控制，完全有必要将政治中心南移。从经济上说，上京处于松花江流域，土地贫瘠。为了供应朝廷的各项需要，必须每年从华北、中原一带征调大批物资，这样势必耗费大量人力物力。李心传《建炎以来系年要录》卷一百六十二中记载完颜亮在迁都诏书中说：“人拘道路之遥，事有岁时之滞。凡申款而待报，乃欲速而愈迟。……又以京师居在一隅，而方疆广于万里，以北则民清而事简，以南则地远而事繁。深虑州府申陈，或至半年而往复；闾阎疾苦，何由期月而周知！供馈困于转输，使命苦于驿顿。”诏书中所说为了解决“供馈困于转输”，加强对“地远而事繁”的南部农业地区的控制是符合历史事实的。所以，金朝统治中心的南移，可以说完全是一种历史发展的必然结果。南移的最好地点，当然非燕京莫属。正如《金史·梁襄传》中所言："燕都地处雄要，北倚山险，南压区夏，若坐堂隍，俯视庭宇"，可以控制南北，"盖京都之选首也"。

金中都城是以原来的燕京城为基础扩展而成的。"西南广斥千步"①，其他几方面也有变化，只有北面是原址。据明代测量，扩展后的中都城"周围凡五千三百二十八丈"②。这与中华人民共和国成立后勘测的约合"五千六百丈"是基本一致的，可知中都城周围应在 17.5 至 18.5 千米之间③。其东北城角在今宣武门内翠花街，东南城角在今永定门火车站西南，西南城角在今凤凰嘴村，西北城角在今军事博物馆南。至今凤凰嘴村尚留有一段近"十丈"长的金代土城遗址。全城有 12 门，每面 3 门，"正东曰：宣曜、阳春、施仁，正西曰：灏华、丽泽、彰义，正南曰：丰宜、景风、端礼，正北曰：通元（玄）、会城、崇智。"④全城基本是一个正方形，但南北较东西略长。城内规则整齐，共分 62 坊。皇城在中都的偏南，宫城内最主要的建筑是大安殿。

13 世纪初，蒙古民族在我国北方草原兴起壮大。1206 年，蒙古民族英雄铁木真统一蒙古各部落，号称成吉思汗，蒙古国正式形成建立。成吉思汗称汗后，矛头首先指向金王朝。1210 年，成吉思汗发动了对金朝的战争。1215 年攻取金中都。中都自此归于蒙古政权的统治之下，开始了一个新的发展时期。金王朝被迫将自己的首都迁往汴京（今河南开封），直至 1234 年灭亡。

蒙古军进入中都后，取消了中都这一名称，重新改为燕京，同时设置了燕京路总管大兴府，管理京畿地区⑤。起初，燕京的局势很不稳定，

① 《元一统志》卷一《大都路·十方万佛兴化院》。
② 《洪武实录》卷三十。明代测量元大都南城，"南城，故金时旧基也"。
③ 阎文儒《金中都》,《文物》1959 年第 9 期。
④ 《大金国志》卷三十三《燕京制度》。
⑤ 《元史》卷五十八《地理志一》。

金中都平面图

时遭反复无常的军阀割据势力的侵扰蹂躏，加之攻城之初的破坏及地处漠北的蒙古统治者最关心的是从燕京地区榨取财物，所以，燕京城满目疮痍，城市建筑遭到了极大的破坏，人民生活非常困苦。对此，蒙古汗国时期的著名政治家耶律楚材在其《怀古一百韵寄张敏之》一诗中作了生动描绘：

天子潜巡狩，宗臣严守陴。
山西尽荆枳，河朔半豺狸。
食尽谋安出，兵羸力不支。
长围重数匝，久困再周期。
太液生秋草，姑苏游野麋。
忠臣全节死，余众入降麾。

到了 13 世纪 60 年代，即蒙古政权统治燕京半个世纪以后，由于形势的发展和蒙古统治集团内部的斗争，燕京的地位有了新的变化。

北京金中都公园

成吉思汗去世后，根据其遗愿和“忽里台”① 大会推举，其三子窝阔台继汗位。窝阔台去世后，其子贵由继汗位。贵由死，其妻海迷失暂理国事。但此时成吉思汗幼子拖雷诸子长成，暗中笼络一部分蒙古贵族，利用“忽里台”大会这一推举汗王的特有形式，推选拖雷的长子蒙哥为汗，把窝阔台一系的势力给打了下去。

蒙哥登上汗位后，对已占领的北方汉族地区的治理采取了两项措施：一方面派自己的亲信到燕京行省充当断事官②，另一方面又派自己的四弟忽必烈管理“漠南汉地军国庶事”③。这样，实际上就在汉地形成了两个互相牵制的政权。忽必烈受命后，在靠近汉地的桓州（今内蒙古多伦）和抚州（今内蒙古兴和）建立城邑，取名开平（即后来的元上都），打算作为长期居留地。在开平，忽必烈“召集天下英俊，访问治

① 蒙古贵族和军事首领的大聚会，新汗都要由这种聚会选出。
② 断事官是蒙古统治者的代表，拥有很大权力，可掌生杀大权。
③ 《元史》卷四《世祖纪一》。

道”。姚枢、刘秉忠、张德辉、元好问等知识分子及一些汉族军阀被网罗到他身边。他听取这些人的建议，在部分汉地如河南、关陕等地进行了一些改革，取得了明显效果。这样使得忽必烈的声望大为提高，同时也引来了蒙哥及其亲信的猜忌，认为他“是心异矣”。忽必烈听从汉族谋士的建议，韬光养晦，但他的一些改革措施也随之废止。

1258年，蒙哥汗大举攻宋，亲率主力由关中攻打四川，命忽必烈进攻鄂州（今湖北武昌）。1259年4月，蒙哥在四川合州钓鱼山战死。围绕汗位继承问题，蒙古统治集团内部又爆发了一场激烈的斗争。蒙哥幼弟（拖雷幼子）阿里不哥纠集部分蒙古贵族，在漠北和林（故址在今蒙古国后杭爱省额尔德尼召北）称汗，同时派遣亲信脱里赤“为断事官，行尚书省，据燕都，按图籍，号令诸道”，企图把燕京作为他们控制汉地的据点。脱里赤还在燕京地区大批招兵买马，扩充军队，企图阻挡忽必烈挥师北上。而此时尚在鄂州军中的忽必烈，得到蒙哥去世的消息后，马上与南宋议和，迅速北撤。年底，全军赶到燕京，乘脱里赤立足未稳，消灭了脱里赤及阿里不哥势力，控制了燕京这一具有重要战略地位的城市，稳定了汉地的局势。忽必烈在燕京近郊小住一段时日后，于1260年3月，赶往开平，召集部分将领、贵族召开“忽里台”大会，正式登基称帝。这样，忽必烈与幼弟阿里不哥之间的战争就在所难免了。最后由于忽必烈得到了部分蒙古贵族、将领的支持以及汉族地主势力的拥戴，加之以丰富的汉地物资作后盾，所以很快就战胜了阿里不哥。其间，燕京发挥了很重要的作用。它是忽必烈的军事基地，军用粮食和其他物资都先集中于燕京，然后再运往开平。不少军队也是先在这里集中，然后再开往前方。

忽必烈在登上帝位稳定了内部局势后，就不断有人给他提出建都燕京的建议。如汉族谋士郝经等人就多次建议建都燕京。其理由是：“燕都东控辽碣，西连三晋，背负关岭，瞰临河朔，南面以莅天下。”①

① 郝经《便宜新政》，《郝文忠公集》卷三十二。

实际上此前蒙古贵族也有此建议，如霸突鲁曾对忽必烈说："幽燕之地，龙盘虎踞，形势雄伟。南控江淮，北连朔漠。且天子必居中，以受四方朝觐。大王果欲经营天下，驻跸之所，非燕不可。"① 忽必烈对这些建议是非常重视的。他也认识到，要想统一全中国，必须以燕京为都。

但忽必烈对设燕京为都的问题采取了两步走的办法。首先他决定将蒙古汗国的政治中心南移，不再以漠北的和林为首都。可是为了照顾蒙古贵族的利益和习惯，避免引起更多的反对和不必要的麻烦，决定采用两都制，即以位于草原上的开平为主要都城，燕京为陪都。每年来往于燕京与开平之间，在燕京过冬，在开平度夏。中央行政机构中书省设在开平，而在燕京分立行中书省。中统四年（1263）五月，正式定开平为上都。第二年八月，将燕京又改名为中都。

忽必烈登上蒙古国大汗位后，积极推行汉法，鼓励学习汉文化。他学习历代汉族王朝的统治方法，在统治制度、机构、法令方面因袭不少前朝旧制，又加以蒙古汗国的一些特殊政策。这样，使一些蒙古贵族的势力有所抑制，中央集权有所加强，北方社会的动乱状况有所改善。世祖至元八年（1271），忽必烈正式将国号改为大元，"元也者，大也。大不足以尽之，而谓之元者，大之至也。"② 忽必烈以"大元"来取代"大蒙古国"，表明了他要统一全中国的决心和信心。对于有此指导思想的忽必烈来说，经营作为都城的燕京已成为历史的必然。他在金中都的附近建立起一座新城。改"大元"国号的次年，即至元九年（1272）二月，忽必烈命名新城为大都，而原中都城则成了大都的一个组成部分。大都上升为首都，而原为首都的上都地位相应发生了变化，成为陪都。北京从此开始成为全国的政治文化中心。

忽必烈虽然采取了两步走的办法最终将大都定为首都，但其间也是遭到少数蒙古贵族的坚决反对的。如《元史》卷一百二十五《高智耀传》中记载，蒙古贵族曾派遣使者质问忽必烈说："本朝旧俗，与汉法

① 《元史》卷一百十九《木华黎附霸突鲁传》。
② 《国朝文类》卷四十《经世大典序录·帝号》。

忽必烈画像

异。今留汉地，建都邑城郭，仪文制度遵用汉法，其故何如?”这是由于少数蒙古贵族在蒙古民族的历史地位与环境发生了变化的情况下，仍坚持过去的游牧文化观点所致。忽必烈对此坚决予以反对。他的这种做法是符合历史进步的，是应予以肯定的。

在忽必烈开始大规模修建经营大都城的时候，原燕京城由于屡经战火已破烂不堪，原建筑所剩无几。忽必烈在即位初曾数次来到燕京，但每次来总是住在近郊，可能是残存的金代某处离宫。

忽必烈在即位初就仿效金朝制度，在燕京成立了负责修建宫殿的机构修内司和祇应司。至元元年（1264）二月开始修建琼华岛[1]。其间对修内司和祇应司的机构和人员进行了增加。修内司原来下面只有一个大

① 《元史》卷四《世祖纪一》。

琼华岛

木局，这时又增加了小木局、泥厦局、车局、妆钉局、铜局、竹作局、绳局等。祇应司也由原来的3局（油漆、画、裱背）增为5局（增加了销金、烧红二局）。此外，还成立了“凡精巧文艺杂作匠户无不隶焉”的御用器物局及窑场、琉璃局和犀象牙局等[①]。从这些机构的设置安排就可看出忽必烈建设大都的决心和投入。接着，新的广寒殿很快在原“广寒之废基”上建造起来了。[②]至元元年十月，忽必烈在万寿山殿会见高丽国王，说明此时万寿山殿也建成了。至元二年（1265）十二月，忽必烈还命工匠制作了“渎山大玉海”（酒缸），放置在广寒殿里。修建琼华岛广寒殿的同时，忽必烈组织力量，准备在原燕京城的东北，从头建造一座新的都城。

---

① 《元史》卷九十《百官志》六。
② 徐世隆《广寒殿上梁文》，《国朝文类》卷四十七。

忽必烈为什么不在已有千年历史的燕京城旧址上修葺扩充京城，而要另觅新址重建呢？其原因主要有两点：一是由于燕京旧城屡经战火等破坏已荡然无存，修补不如重建来得省工；二是考虑城市的供水问题。原燕京城的供水主要靠城西莲花池水系，水量不足，很难满足城市进一步发展的要求。而向东北移动，以琼华岛作为新城宫殿基础，上接高粱河，引玉泉山之水入城，可保证城市供水。

建造元大都是一项非常浩大的工程。其主要设计者是刘秉忠。

刘秉忠（1216—1274），元代前期著名的政治家。[①]邢州（今河北邢台）人。1233年17岁时任蒙古政权的邢州节度使府令史。1238年辞去吏职，先入全真道，后出家为僧，法名子聪，号藏春散人。1242年，经北方禅宗临济宗领袖海云的推荐，入忽必烈幕府。由于他博学多才，颇得元世祖忽必烈的信任。他积极出谋划策，对忽必烈推行汉法起了积极的推动作用。1260年，忽必烈称帝，命他制定各项制度，如立中书省为最高行政机构、建元中统等。至元元年，忽必烈命他还俗，复刘氏姓，赐名秉忠，授光禄大夫、太保、参领中书省事、同知枢密院事。至元八年（1271），忽必烈以大元为国号，也是出于刘秉忠等人的建议。

刘秉忠不仅在政治方面多所建树，而且在经济、城市建设方面也卓有成就。上都开平城，就是由他选址并设计建成的。开平城建成后，忽必烈又命刘秉忠主持设计建造大都城。整个大都城的建设，都是在他的主持设计下建造成的。

参与元大都城的城址选择与设计的还有赵秉温。他奉忽必烈之命，“与太保刘公同相宅”；“图上山川形势城郭经纬与夫祖社朝市之位，经营制作之方，帝命有司稽图赴功”。[②]具体负责领导修建工程的还有汉族将领张柔、张弘略父子[③]，行工部尚书段桢（段天佑）[④]，蒙古人野速

---

① 有关刘秉忠的情况，参见《元史》卷一百五十七《刘秉忠传》。

② 苏天爵《赵文昭公形状》，《滋溪文稿》卷二十二。

③《元史》卷一百四十七《张柔传》，附《张弘略传》。

④《元史》卷六，《世祖纪三》。

元大都遗址公园

不花①，女真人高觿②，色目人也黑迭儿③等人。这其中也黑迭儿、段桢所起的作用更大一些。如段桢不仅自始至终参与了大都城的修建工作，而且后来还长期担任大都留守，大都建成后相当长一段时间内，城墙、宫殿、官署、河道的维修和增设，也主要由他负责经营的。

大都城的修建是从至元四年（1267）这一年大规模开始的。因为这一年正月丁未是个黄道吉日。“岁在丁卯，以正月丁未之吉，始城大都。”④至元十三年（1276）大都城建成，至元二十年（1283），城内建筑及配套设施等基本完成。这一年，元朝政府把旧城的商铺和政府衙门、税务机构等迁入新城。同年，还设立了负责警卫大都城门的门尉。至元二十一年（1284），建立了管理大都的行政机构留守司和大都路总

① 虞集《高鲁王神道碑》,《道园学古录》卷十七。
② 同上。
③ 欧阳玄《马合马沙碑》,《圭斋文集》卷九。
④ 虞集《大都城隍庙碑》,《道园学古录》卷二十三。

管府。至元二十二年（1285），元朝政府又规定了"旧城居民"迁居新城的办法："以赀高及居职者为先。仍定制，以地八亩为一分，其或地过八亩及力不能作室者，皆不得昌据，听民作室。"①大都城的建造，前后历时10年方成。

大都城的具体修建，皇城和宫城、宫殿的建造比整个城市的建造还要早一些，在至元三年（1266）就开始了。至元四年，还专门成立了管理皇城和宫城、宫殿施工的机构提点宫城所。至元五年（1268）十月，宫城成。至元八年（1271），始建大内。至元十年（1273）九月，初建正殿、寝殿及周庑两翼室。其中最主要的大殿是大明殿。至元十一年（1274）正月，宫阙竣工。同年，世祖忽必烈曾驾御大明殿，受皇太子、诸王、百官的朝贺。在完成城内宫殿建筑的同时，至元十一年四月，在皇城西南开始建东宫，或称皇太子宫，亦即隆福宫。同年十一月建造了延春阁。

在大都城宫殿、官署及城墙等主体工程建设的同时，为了解决城市给水及物资供应等问题，还进行了大规模的水利配套工程的建设。其中最主要的有三项。

第一项是疏通金口工程。至元三年，为了配合大都城的修建，元朝政府决定重开疏通金口工程。其目的是"导卢沟水，以漕西山木石"，提供建筑材料②。这项工程的倡议者是中国科技史上伟大的科学家郭守敬。他鉴于金代开金口失败、金口堵塞的教训，提出在"金口西预开减水口，西南还大河，令其深广，以防涨水之患"③。金口的重开疏通，对大都的修建起了积极作用。但是，金口上游浑河的河水泥沙很多，再加上水势湍急，时间一久，又会发生堵塞漫淤。如至元九年（1272）五月二十五日至二十六日，下了两天大雨，立即"流潦弥漫"，旧城通玄门外"金口黄浪如屋，新建桥庑及各门旧桥五六座，一时摧败，如拉朽漂枯，长楣巨栋不知所之"，河水冲倒了新城的城墙，致使终元一代对于金口，为了防洪而堵，为了水运而开，开了堵、堵了开，反复多次。就

---

① 《元史》卷十三，《世祖纪十》。
② 《元史》卷八，《世祖纪五》。
③ 齐履谦《知太史院事郭公行状》，《国朝文类》卷五十。

元大都和义门复原

是这项工程的倡议者郭守敬，在大德五年（1301），见浑河水势浩大，曾酌情“又将金口已上河身，用砂石杂土尽行堵闭”①。元末又重开金口。

第二项是修建金水河工程。金水河是专供皇宫用的水流。它的源头是大都城西北玉泉山诸泉之水，经专辟的渠道，流入城内。元代随着都城的发展及向北移动，原靠城西莲花池水系为饮用水已远远不能满足，所以必须另找水源，于是修建了金水河工程。金水河的修建管理是一项浩繁的工程，同时也是元大都城建设的重要组成部分。

第三项是开凿通惠河。元朝大都的粮食等物资供应大多仰赖南方。其间著名的京杭大运河经过裁弯取直，多年施工，已直达通州（今北京通州区），然后必须经通州再解往大都。但通州至大都城却是一段卡脖子工程，严重影响把通州积贮的物资运往大都。当时有一条水路和一条陆路可以通行。若依水路，唯有较小的坝河水道可以通漕，但因不能航行大船，满足不了需要，如遇旱年水浅，更是无法通行。若依陆路，一方面费用太高，另一方面如遇雨天，行走十分困难，“方秋霖雨，驴马踣

① 《元史》卷六十六《河渠志三·金口河》。

毙，不可胜计”[1]。这就迫使元政府必须另辟水源，穿凿新河——通惠河。

首先提出穿凿通惠河的也是伟大科学家郭守敬。郭守敬考察了原有渠道地势，认为此次穿凿必须首先解决水源问题。他提出引导温榆河上源诸泉水接济漕河的新方案。即自昌平区的浮村到神山泉，西折南转，会双塔、榆河、一亩、玉泉诸水，入瓮山泊（今昆明湖），再经长河入古高粱河，直至西水门入都城，环汇于积水潭。然后东折西南出文明门（北京崇文门北），循金闸河（即旧运粮河道）东至通州高丽庄入白河[2]。全长 80 余千米。其中建闸坝 10 处，共 20 座。郭守敬的建议很快得到批准，并于至元二十九年（1292）春诏令开工，共动用军人、工匠 2 万多人，用钞 152 万锭，粮 38 700 石（2 322 吨），第二年竣工，费时一年多。此河修好后立即投入使用，适逢世祖忽必烈从上都回来，路经积水潭，看到“舳舻蔽水”，十分高兴，赐名通惠河。

通惠河的完成不仅结束了通州至大都的“卡脖子”运输，而且真正使京杭大运河全线贯通，发自杭州的漕船可直接到达京城的积水潭。另外，海运至通州的漕粮亦可经通惠河直接到京城。

第二节
大都城的规模与布局

>>>

大都城是一座经过精密设计施工的新型城市，其规模与布局既宏大又规整，在我国城市建筑史上写下了光辉的一页。

一、城墙和城门

大都城总体呈坐北朝南的矩形，南北略长，东西略窄，“城方六十

① 《元史》卷一百六十四，《郭守敬传》。
② 《元史》卷六十五，《河渠志》。

里，十一门”[1]。据中华人民共和国成立后的实地测量，全城周围 28.6 千米[2]。明初缩减北城，使大都城的北墙和东、西两面墙的北段均被废弃。现北京新街口外还保存着一段当年大都城城墙的遗迹，供人参观。北墙应在今安定门与德胜门北 4 千米小关一线，东、西城墙的南段即明、清两代北京的城墙，南墙濒原金口河，相当于今长安街的南侧。南墙西段有一 30 步（约 15 米）许的向外呈弧形。这是因为南墙定基时“正直庆云寺海云、可庵两师塔”，忽必烈特别下令“远三步许环而筑之”[3]。所以使南墙在靠近庆寿寺双塔的地方，向外弯曲，绕开

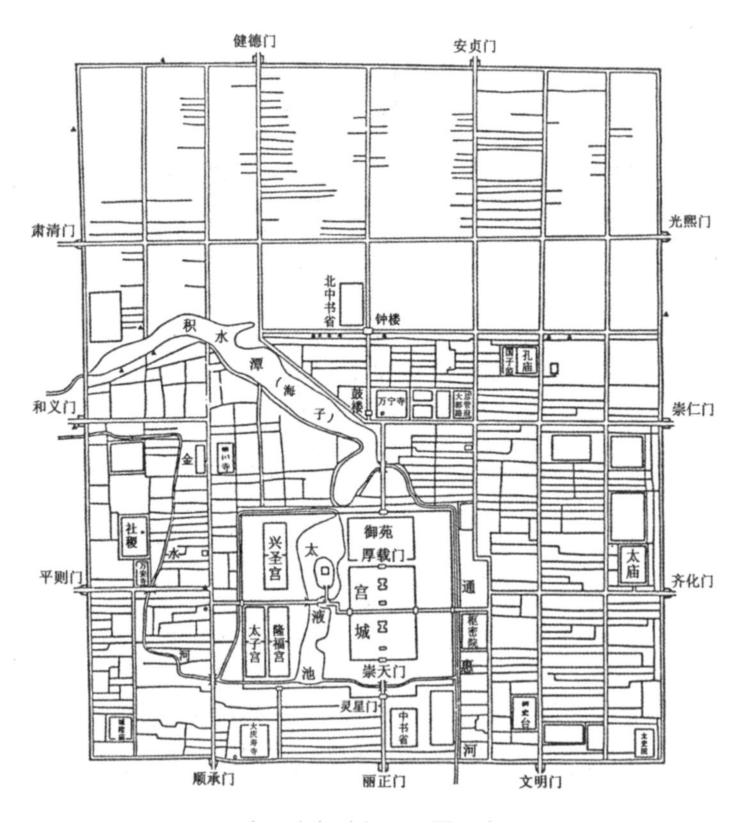

元大都城复原平面图

① 《元史》卷五十八《地理志一》。
② 《元大都的勘查和发掘》,《考古》1972 年第 1 期。
③ 《元一统志》卷一《中书省·大都路》。

双塔[①]。

大都城的城墙全部用土夯筑而成。据实测，基部宽达24米。夯筑时，中间使用了“永定柱”（竖柱）和“纴木”（横柱），这样就使城墙更加坚固。城墙的基宽、高和顶宽的比例是3∶2∶1[②]。这与赡思在《河防通议》卷上《筑城材料》中所记载的当时的建筑技术标准是相吻合的。我国的这种传统版筑技术，曾引起当时外国史学家的注意并记载。如著名的意大利旅行家马可·波罗在其《马可·波罗游记》中曾记载大都的城墙说：“墙根厚十步，然愈高愈削，墙头仅厚三步。”这与实测是很接近的。

由于大都城墙是用土夯筑而成的，所以防雨排水就是个很重要的问题。如果听任雨水冲刷，势必会造成倒塌。但怎样防雨，这在当时曾产生过种种争议。如阎复在《王公神道碑铭》[③]中曾说：“至元八年，城大都。板干方新，数为霖雨所堕。或议辇石运甓为固。公（即王庆瑞，时为千户）言：‘车驾巡幸两都，岁以为常。且圣人有金城，奚事劳民，重兴大役！’因献苇城之策。诏用公言，所省巨万计。”可见当时曾有人建议以石或砖为之，但限于财力、人力，未采用，最后采用了王庆瑞的“苇城”之策。“苇城”之策，即用苇草将整个城墙遮盖起来，以防雨水冲刷。为此，元政府还专门在文明门（今崇文门内）设立了苇场，“收苇以蓑城，每岁收百万”[④]。并抽调部分军队成立武卫，“专掌缮理宫城”“砍苇被城上”[⑤]及保卫工作。

苇城防雨之策，实际上也并未能从根本上解决问题。因为雨水渗透苇草，还是对城墙造成了损害，致使需不时加以修缮。如仅至元二十年到三十年（1283—1293）之间，见于《元史·世祖本纪》的有关修治大都城的记载就有8次之多。每次修缮，动辄用人以万计，费时费力。于是，又有人提议改以砖石砌城墙，但还是限于财力、人力，未能实行。

---

① 庆寿寺双塔一直到中华人民共和国成立后扩建长安街时，才被拆除。

② 《元大都的勘查和发掘》，《考古》1972年第1期。

③ 阎复《常山贞石志》卷十七。

④ 《日下旧闻考》卷三十八《京城总记》。

⑤ 苏天爵《吴公行状》，《滋溪文稿》卷二十二。

蓟门烟树

△ 蓟门烟树为燕京八景之一，指西直门以北的元大都城墙遗址西段，是辽城和元城的故址。这段城墙为夯土构建，元末明军攻陷大都后，将元大都北侧城墙南移，蓟门烟树所指一段城墙遂遭荒废，在夯土城墙的遗址上树木生长，遂称蓟门烟树。

此时，据《日下旧闻考·京城总记》记载，以海运起家的巨富与权贵朱清、张瑄，曾表示愿“自备己资，以砖石包裹内外城墙”，但由于遭人反对，也未实现。忽必烈晚年也曾设想“用石加固城墙”，但也因不久去世，未能实现[①]。由此可知，关于大都城墙的护理工作，一直是个很棘手的问题。

到了元中后期，苇草之策也告废止。其原因大体有两种不同传

① 参见拉施特《史集》。

说：其一，“初，大都土城岁必衣苇以御雨。日久，土益坚，劳费益甚，（王）伯胜奏罢之。”① 其二说，“至文宗，有警，用谏者言，因废。此苇止供内厨之需。每岁役市民修补”②。有警，实际上是指发生了武装冲突之事。元政府中有人害怕烧苇攻城，所以取消了苇城之法。但不管哪一种说法可靠，或者二者兼而有之，总归一点是，元中后期很少再见到关于苇城的记载。倒是关于城墙被雨淋坏的记载不少，如元顺帝至正七年（1347）五月，“大霖雨”，造成“京城崩”③。可见有元一代关于城墙的维护问题始终没有妥善解决好。

大都环城共开11门。其中东、南、西三面均各为3门，唯有北面2门。南面3门：正南为丽正门（今天安门南），其东为文明门（今东单南，又称哈达门），其西为顺承门（今西单南）；东面3门：正东门是崇仁门（今东直门），其南为齐化门（今朝阳门），其北为光熙门（今和平里东，俗称广熙门）；西面3门：正西为和义门（今西直门），其南为平则门（今阜成门），其北为肃清门（今学院南路西端，俗称小西门）；北面2门：东为安贞门（今安定门小关），西为健德门（今德胜门小关）。今肃清门和健德门的瓮城土墙，还有部分残留于地面上。繁华壮丽的大都城，各门冬天都有熙熙攘攘的行人车马出入。元诗人乃贤在其《京城杂言六首》里描写此景说“幢幢十一门，车马如云烟”。

大都城门每门都设有门尉和副尉，“掌门禁启闭管钥之事”。门尉和副尉是隶属于留守司的，他们都由“四怯薛八剌哈赤为之”④。四怯薛是皇帝的“宿卫之士”，绝大多数都是贵族、功臣的后代。“怯薛”是轮番当值之意，这些“宿卫之士”分四批轮番当值，故称四怯薛。四怯薛中成员都分担一定职务，这职务是世代相袭的。八剌哈赤是守门者之意，门尉就是从四怯薛和八剌哈赤中选充。由此可见，元统治者对门尉和副

① 《元史》卷一百六十九《王伯胜传》。
② 《日下旧闻考》卷三十八《京城总记》，引自《析津志》。
③ 《元史》卷四十一《顺帝纪四》。
④ 《元史》卷九十《百官志六》。

尉的职务是相当重视的，要由自己的亲信担任。

我国传统建筑历来讲究对称，此前都城城门数均为偶数。而元大都城门数却出现了奇数，这是为什么呢？对此官方文献没有记载与说明。唯有一些文人的笔记诗文里有所揭示。如元末明初长谷真逸在其《农田余话》中说："燕城系刘太保定制，凡十一门，做哪吒神三头六臂两足。"曾在大都做官，熟知大都掌故的诗人张昱在其《辇下曲》中也写道："大都周遭十一门，草苫土筑哪吒城；谶言若以砖石裹，长似天王衣甲兵。"由此可知，大都之所以开 11 门，是为了附会神话中哪吒传说故事。哪吒三头六臂两足，南面 3 门象征三头，东西 6 门象征六臂，北面 2 门象征两足。大都城总设计者刘秉忠本来就曾是个和尚，道士气很浓，他以这种附会神话传说的形式取信于蒙古统治者倒是符合他的思想风格的。

大都城墙四角建有巨大的角楼。现建国门南侧明清两代的观象台旧址，就是原大都城东南角角楼的所在地。城外有又深又宽的护城河。这是在兴建大都城的同时就开始修建的。当城墙建成后，又"挑掘城壕"，进一步加深加宽。

二、皇城与宫城

大都的皇城在整个城市南部的中央地区，它的东墙在今南北河沿的西侧，西墙在今西皇城根，北墙在今地安门南，南墙在今东华门、西华门大街以南。皇城的城墙称为萧墙，俗称阑马墙，周围约 10 千米。阑马墙外种植的茂密参天的树木，更增加了皇城的威严肃穆。张昱在其《辇下曲》中描写此景说："阑马墙临海子边，红葵高柳碧参天。"

皇城南墙正中的门叫作灵星门，其位置大约在今午门附近。再往南就是大都城的丽正门。在灵星门与丽正门之间，是宫廷广场，左右两侧，有长达 700 步（约 350 米）的千步廊。在元代以前，宫廷广场一直处于宫城正门的前方，建大都城时却把它安排在皇城正门的前方，这在建筑设计上是个极大的变化。它加强了从大都城正门到宫城正门之间在建筑上的层次序列，从而使宫阙的布置更加突出，门卫更加森严。

万宁桥

万宁桥，又称后门桥、地安桥，位于北京地安门外什刹海附近，坐落于北京城中轴线上。万宁桥是单孔拱券式石桥，古朴粗拙，略有雕刻。

皇城跨太液池两岸，并以太液池为中心围绕着三组大的建筑群，即宫城、隆福宫、兴圣宫，外加御苑。隆福宫是太后的住所，兴圣宫为太子所居。

宫城在皇城的东南部，呈长方形，“周回九里三十步，东西四百八十步，南北六百十五步，高三十五尺”。宫城城墙用砖砌成[①]。宫城共有6门，除南面有3门外，东、西、北均为1门。南面正中为崇天门，约在今故宫太和殿处，左右是星拱门和云从门。西面是西华门；东面是东华门，东、西墙与今故宫东、西墙相近；北面有厚载门，在今景山公园少年宫前。宫城四周有角楼，上下3层，以琉璃瓦覆盖。从皇城

① 陶宗仪《南村辍耕录》。

正南门灵星门进来数十步，是金水河，河上有3座白石桥，称为周桥。桥身雕刻龙凤祥云图案，晶莹如玉。桥周绕种着郁郁葱葱的杨柳树。元诗人有“禁柳青青白玉桥”诗句，描写的就是这里的景色。周桥往北约200步（约100米），就是宫城的正南门崇天门，亦称午门。崇天门左右为两突出部分，平面呈凹形，大约与今天故宫午门的形制相近。崇天门入内数十步，又有一重门，中央叫作大明门，左右有日精、月华两门。过了大明门，才是宫殿所在。大明门是专供皇帝出入的，文武百官上朝由日精、月华两门出入。这与历朝皇宫以此来体现皇帝的无上权威的意旨是一致的。

宫城内的主要建筑是以从丽正门、承天门达中心阁的正南北线为中轴而对称展开的，形成南北两部分。南面以大明殿为主体，北面以延春阁为主体。大明殿是皇帝的正朝所在，一切重大活动仪式，如皇帝即位、元旦、庆寿等，都在这里举行①。大明殿又叫长朝殿，落成于至元十年（1273）。其东西长200尺（约66.6米），深120尺（约40米），高90尺（约30米），十分宏伟壮观。殿前台基为3级，都以雕刻着龙凤图案的白石阑围绕，白石阑的每根柱下都有伸出的鳌头。与明清两代故宫太和殿的3级台基在形状上应相似。大明殿前台基上有一坑土，种植着从沙漠移来的一种莎草。对此，史籍曾多有记载。如元诗人柯九思在其《宫词》里说：“墨河万里连沙漠，世祖深思创业难；数尺阑干护青草，丹墀留与子孙看”。此诗小注里点明，世祖忽必烈特意安排种植莎草是为了使子孙不忘创业之艰难。大明殿内设有“七宝云龙御榻，白盖金褛褥，并设后位”。皇帝与皇后并列座位，每遇有重大庆典，帝、后同登御榻，接受朝拜，这只有在元代朝廷才有，我国其他封建王朝是没有的，这体现了蒙古民族的传统习俗。另外，在大明殿御榻前，还陈列有能自动报时的七宝灯漏、酒瓮和乐器等。陈列酒瓮也是蒙古民族习俗的一种表现，广寒殿等处也陈列有酒瓮。

大明殿北面是延春阁，它比大明殿还要高。延春阁主要是皇帝举行

① 陶宗仪《南村辍耕录》卷二十一《宫阙制度》。

佛事和道教的祠醮仪式的地方，有时也在这里举行宴会。大明殿和延春阁后面都有寝殿，中间以柱廊连接，寝殿东、西各有小配殿，总体呈“工”字形。这“工”字形建筑四周，又有100余间庑廊围绕。

大明殿和延春阁在宫城内分别形成两组封闭的小建筑群。这两组小建筑群之间是横贯宫城的街道。元代中期以后，每年的正月十五，都要在这条街道上布置灯山，“结绮为山，树灯其上，盛陈百戏，以为娱乐。”①

延春阁北面是规模较小的清宁宫。再北是宫城后墙。宫城后墙的厚载门上建有高阁，阁前有舞台，经常举办歌舞表演，为统治者登阁游赏助兴。另外，还有一些宫殿的附属建筑物。

宫城以西是太液池，包括现在的北海和中海。今南海当时还未开凿。太液池中种满了芙蓉等花木。元朝皇帝曾造专门小船在太液池中往来游戏。太液池中有两个小岛。南面的小岛叫瀛洲，即今北海团城所在地，上有仪天殿（一名圆殿，后代改称承光殿）。北面的小岛就是著名的琼华岛，面积比较大，至元八年（1271）改称万寿山（又称万岁山）。万寿山高达数十丈，以玲珑石堆叠而成，上植花草树木，郁郁葱葱，景色十分秀丽。山顶上有著名的广寒殿，殿中有12根柱子，上刻云龙图案，并以黄金涂饰。广寒殿的左、右、后三面，全用香木雕刻成彩云状，并以黄金涂饰。这样，就使得这座大都城中的最高建筑金碧辉煌，壮丽耀眼。登上此殿，极目远望，西山胜景尽收眼底，低头俯瞰，街头市井繁华热闹，加之绿树清波，确为一处少有的人间胜境。当时曾有不少中外文人咏歌这一美景。太液池中两个小岛万寿山与瀛洲之间还有长达200余尺（约66.6米）的白玉石桥相连接，更为此景增色不少。

在太液池以西是两组大的建筑群，即隆福宫和兴圣宫。隆福宫靠南，其主要建筑是光天殿。殿后有寝殿，两者以柱廊相连。寝殿两端又有小殿，外加100余间庑廊围绕。整体结构与宫城中的大明殿、延春阁相似。光天殿周庑之外，还有东西鹿顶殿、香殿等建筑。整个

① 张养浩《谏灯山疏》，《归田类稿》卷一。

种满荷花的太液池

隆福宫围有砖墙，呈长方形。隆福宫原为皇太子的住所，叫作东宫或皇太子宫，后皇太后居住，并改名为隆福宫。兴圣宫建造于武宗当政时（1308—1310），主要建筑是兴圣殿。兴圣殿后也有以柱廊相连的寝殿。再后有延华阁，东、西鹿顶殿，畏兀儿殿及其他不少附属建筑。元代以收藏文物图书及管理文化事宜而著名的奎章阁就在兴圣宫内。奎章阁后改名为宣文阁。元顺帝时又改为端本堂，成为皇太子读书肄业之所。

宫城以北是御苑。御苑中种植了不少奇花异草。其“内有水碾，引水自玄武池（即太液池）灌溉花木”。花木丛中还建有精致的小殿。另外还有“熟地八顷”。“熟地八顷”就是皇帝为了显示自己对农业的重视，每年举行仪式，象征性地进行农业操作的地方。御苑是专供皇帝及其妃嫔观赏游玩的地方，普通人是不许进入的。

元代宫殿的基本结构与建筑形式主要是以汉族传统的为主，但同时也吸收了我国各民族在建筑方面的一些特点与技术，在结构、材料以及

建筑装饰等方面有不少新的创造。总体以木结构建筑为主，普遍采用色彩绚丽的琉璃作为建筑装饰。宫殿平面一般采用“工”字形，即在宫殿与宫殿之间用柱廊连接。这一点是与汉族传统宫殿建筑相一致的。而在室内装饰布置方面又往往富有蒙古等兄弟民族的特色。如普遍使用壁衣和地毯，凡木结构的显露部分一般都用丝毛织物遮盖起来。其中的畏兀儿殿、棕毛殿、温石浴室和“通用玻璃饰”的水晶圆殿等，特色鲜明。这些毛织饰品、用品，显然是出自擅长毛织技术的北方游牧民族工匠之手。总之，元代的宫殿建筑，既主干突出，又特色鲜明，是祖国各民族文化交流的结晶，在我国建筑史上有特殊而重要的地位，对后世也产生了明显的影响。

三、市区内的布局

大都城的总体布局是根据《礼记·考工记》所说的工都“左祖右社，面朝背市”的原则设计的，而市区布局也同样按《周礼》所说“国中九经九纬，经涂九轨”的原则，分划成东西与南北向的街道坊衢。全城规划整齐，秩序井然，体现了设计者的匠心独运。

大都城的市区布局设计总体原则与前代无多大差别，但在具体操作方面却有自己独特的东西。这就是先选好全城的中心点。城内海子（今

什刹海）东岸有中心阁，中心阁西面 15 步（约 7.5 米），有一座“方幅一亩”的中心台，就是全城的几何中心。中心台“正南有石碑，刻曰：‘中心之台’，实都中东南西北四方之中也”①。选定中心点，然后再确定中心点至丽正门这一中轴线南段的距离和路线，就构成了全城的四至基准。以此为基础辐射开去，全城的街道坊衢就设计出来了，并把金代原有的海子、琼华岛风景包括进来，巧妙地安排了宫殿和苑囿的布局。先选定中心点然后再进行设计，这在我国城市建设史上是个伟大的创举。

大都的街道纵横竖直、互相交错，中心点至城门之间有宽广平直的大道。胡助在其《京华杂兴诗》里描写这种景象为“天衢肆宽广，九轨可并驰”。但有些地方也有必要的变动，在纵横之中又有曲折，有些街呈“丁”字形。这是由于城市南部中央有皇城，城的北墙只有两座门，再加上海子（今积水潭）在城的西部占去了很大一块地方等原因造成的。全城的街道有统一的标准，大街宽 24 步（约 12 米），小街宽 12 步（约 6 米）。街道外还有 384 火巷，29 衖通②。时人黄文仲在其《大都赋》里说：“论其市廛，则通衢交错，列巷纷纭。大可以并百蹄，小可以方八轮。街东之望街西，髣而见䯵而闻；城南之走城北，出而晨归而昏。”意大利著名旅行家马可·波罗在其《马可·波罗游记》里也赞扬大都街道说：“街道甚直，此端可见彼端，盖其布置，使此门可由街道远望彼门也。”“全城中划地为方形，画线整齐，建筑房舍。……方地周围皆是美丽的道路，其行人由斯往来。全城地面规划有如棋盘，其美善之极，未可言宣。”全城的主要街道是南北向的，小街道和胡同则沿着南北大街的东西两侧平行排列。这样，民居主要分布在小街和胡同的南北两侧，坐北朝南，既可在严寒的冬天便于采光取暖，又可在炎热的夏天有利通风防暑。

大都城以中心阁为中心形成一个中心区域，还有鼓楼和钟楼也作了参照物。鼓楼在中心阁以西，又叫齐政楼，“上有壶漏、鼓、角”③。其

---

① 《日下旧闻考》卷五十四《城市》，引自《析津志》。
② 《日下旧闻考》卷三十八《京城总貌》，引自《析津志》。
③ 同①。

中壶漏是计时的仪器，鼓、角是报时的工具。每年立春时都要在鼓楼前举行打春的仪式。鼓楼之北是钟楼。钟楼雄敞高明，阁四阿，檐三重，悬钟于上，声远愈闻之①。钟楼、鼓楼相对屹立，处于城市的中心，主要起报时的作用。元朝沿袭前代制度，亦实行宵禁，并以钟声响动为信号。“一更三点，钟声绝，禁人行。五更三点，钟声动，听人行。”②另外，钟、鼓楼处于全城制高点，又便于观察四方动静。

大都新城建成后，世祖忽必烈规定旧城居民要迁入新城，并以赀高和居职者为先，每 8 亩地为一分。但旧城并未毁弃，仍是大都城的一部分。当时习惯把新城称为北城，旧城称为南城。新城繁荣，旧城萧条。新城中有市集 30 余处，主要分布在海子、鼓楼附近及西城的羊角市一带。商业贸易十分繁荣，贵戚、功臣、富豪主要住在新城。

大都城的布局设计，除了宫殿外，还很注意庙（太庙）、社（社稷坛）的安排。大都城设计之初，就安排了庙、社的位置。世祖忽必烈于至元十四年（1277）下令“建太庙于大都”。至元十七年（1280）基本建成，后又陆续有所添加。实际上，在大都新城建设以前，在旧城就建有太庙。新建的太庙在皇城之东，“都城齐化门之北”③，社稷坛是至元三十年（1293）建造的，“于和义门内少南，得地四十亩为壝垣。”④这种庙东社西的安排，是中国都城的传统布局，元朝统治者也做了这样的安排。但在太庙和社稷坛的祭祀仪式方面，蒙古族统治者虽然基本上采用了前代王朝的传统祭祀方法，可也加入了一些富有自己民族特色的东西。如《元史·祭祀志》记载太庙祭祖，“割牲，奠马湩（马奶子），以蒙古巫祝致辞。盖国俗（蒙古族风俗）也。”

朝廷军政重要部门的所在地，也是设计者优先考虑的问题。元朝中央统治机构中最重要的有 3 个，即负责行政事务的中书省、管理军政的枢密院和负责监察的御史台。中书省的位置在皇城的丽正门内、千步廊

---

① 《日下旧闻考》卷五十四《城市》，引自《析津志》。
② 《元典章》卷五十七《刑部十九·禁夜》。
③ 《元一统志》卷一《中书省·大都路·古迹》。
④ 《元史》卷七十六《祭祀志五》。

东，枢密院在皇城东侧。另外，大都的管理机构大都路总管府和负责大都城治安的警巡院在全城中央，中心阁以东。这种地理位置的安排也体现了这些机构的重要性。

作为一个大都市，给水排水系统也是城市设计布局的重要组成部分。大都城内有两条重要的水道：一条是由高粱河、海子、通惠河构成的漕运系统；一条是由金水河、太液池构成的宫苑用水系统。高粱河在和义门以北入城，汇为海子。再经海子桥往南，沿皇城东墙，流出城外，折而往东，直达通州。金水河则由和义门以南约120米处水门入城，然后东向转南，在今西城灵境胡同西口内分为两支：北支由东向北，在皇城西城西北角处折而向东，在今北海公园万佛楼以北、九龙壁西南处注入太液池；南支则一直向东流入皇城内，注入太液池。太液池水东流，出皇城与通惠河水汇合①。金水河由于是宫苑用水，所以受到了特殊的保护。“不许洗水饮马，留守司差人巡视，犯者有罪”②。金水河流经之处，如遇别的水道干扰，则要架槽引水，横过其上，称为“跨河跳槽”。金水河两岸种植着茂密的杨柳树，为城市景致添色不少。

大都城的排水系统是相当完整的。中华人民共和国成立后，经过考古发掘，曾发现了当时南北主干大街两旁的排水渠道。这种排水渠道是用石条砌成的明渠，渠宽1米，深1.65米，有些重要地段上覆盖有石条。其排水方向与大都城内自北而南的地形坡度相一致。在城墙基部，有预先用石头构筑好的涵洞，将废水排出城外。但由于大都道路多是土道，只有少数是石道，所以如遇雨天，道路往往泥泞不堪，泥土流入排水渠道，一定程度影响了排水效果。

① 参见《元大都的勘查和发掘》，《考古》1972年第1期。
② 杨瑀《山居新语》。

金水河

四、大都的旧城和郊区

大都新城建成后，世祖忽必烈曾下令将旧城的居民迁往新城。虽然人口未必完全迁移尽，但也造成旧城出现了“寂寞千门草棘荒”的局面。不少民居被拆毁，只有“浮屠、老子之宫得不毁”，保存的比较完整，留下了许多名胜古迹。如著名的有悯忠寺、昊天寺、长春宫等，“侈丽瑰玮”，是游览的好地方。所以，大都居民“岁时游观，尤以故城为盛”①。特别是到了阳春三月，“北城官员、士庶、妇人、女子多游南

① 虞集《游长春宫诗序》,《道园学古录》卷五。

城，爱其风日清美而往之，多曰：踏青斗草。”① 当时，游南城已成了大都居民的一种风俗习惯，并一直影响到了之后的明清。其中长春宫就是今日白云观的前身。

旧城曾有很高大的城墙。新城建成后，忽必烈觉得旧城城墙的存在对新城的安全不利，于是在至元二十五年（1288）十月，命令禁军拆毁了旧城的城墙，填平了城外的壕沟。拆毁后的城门所在地仍当通衢大道，于是将旧城城门改称关。如施仁门所在地称施仁关，阳春门所在地称阳春关等。这是因为这些地方多设卡征税。元文宗天历元年（1328），元统治阶级内部发生了争夺皇位的武装冲突，其中一派以上都开平为据点向大都进攻。同年冬迫近卢沟桥，威胁大都。于是又在原拆毁的城墙处竖栅栏以防卫。此次冲突以文宗图帖睦尔的获胜告终，南城再次撤防，“今日街衢却依旧，栅门全毁堑填平”。②

大都郊区有的是商贾闹市、贵胄之所，有的是关隘园林、风景名胜。黄文仲在其《大都赋》里曾说：“若乃城阃之外，则文明为舳舻之津，丽正为衣冠之海，顺承为南商之薮，平则为西贾之派。”这是指，文明门外为通惠河，是漕运的必经之地；丽正门外是贵族、官僚的居住地区；顺承门和平则门外，则是各地来京商人的落脚处。高丽的汉语教科书《老乞大》，也记载了来自高丽和我国东北的商人们，到顺承门客店投宿的事。因为这里离马市很近。另外，东郊齐化门外，“江南直沽海道来自通州者，多于城外居止，趋之者如归。又漕运岁储多所交易，居民殷实。”③ 由于靠近漕运水道，商业贸易较发达，居民殷实，房屋建筑比较整齐宽大。这里还有一座著名的东岳行宫，内有石坛，周围遍植花草，是当地居民游览歇息的好去处。西郊、北郊有不少的寺院、园林等，佛宫、真馆、胜概盘郁其间，也是人们参观游览的好去处，如西郊有玉渊潭，北郊有大寿元忠国寺等。

元朝统治者为游牧民族，打猎是他们的传统。他们入居大都后，仍

---

① 《日下旧闻考》卷一百四十七《风俗》，引自《析津志》。
② 宗绸《俚歌十首》，《燕石集》卷八。
③ 《日下旧闻考》卷八十八《郊坰》，引自《析津志》。

白云观

保留了这一习惯，在郊区特辟一水草丰美之地，以为打猎之所。这一习惯也被后来的清朝统治者所沿用。大都东南近百里的柳林，便是元朝统治者打猎的地方，史称“飞放之地”。即如史书所载：“冬、春之交，天子或亲幸近郊，纵鹰隼搏击，以为游豫之度，谓之飞放。”每年春天，元朝统治者都要率领浩浩荡荡的队伍到柳林来放鹰捕猎天鹅或其他动物。王恽在其《漷州隆禧观碑铭》中描写柳林是人烟稀少的沼泽区，“原隰平衍，浑流芳淀，映带左右”。此外，在大都正南不远的地方还有一处下马飞放泊，“广四十顷”。此地经明清两代扩建，改称南苑或南海子，亦即今北京之南苑以及北城店飞放泊、黄堠店飞放泊等。

大都西北约 60 千米，有著名的险隘居庸关。居庸关是大都西北之门户，军事战略地位极其重要。居庸关一破，大都也很难防守。元朝政府在前代的基础上，又加强了居庸关的建设与防卫。居庸关处于两山之间，关沟长达 15 千米，有南、北两口，分别立有大红门。元代的隆镇卫亲军都指挥使司，统率哈剌鲁族和来自中亚的钦察、阿速等族士兵，

居庸关

居庸关，是京北长城沿线著名的古关城，也是中国的城堡之一。居庸关形势险要，东连卢龙、碣石，西属太行山、常山，实天下之险，号称“天下第一雄关”。

就主要负责居庸关一带的防务。每年夏天，元统治者由大都到上都巡幸避暑，都要经过居庸关。元顺帝至正二年（1342），还专门下令修建居庸关过街塔，至正五年（1345）建成。过街塔的基座是用汉白玉砌成的石台，下有可供车马行人通过的券门。石台之上矗立着3座石塔。元代诗人有“当道朱扉司管钥，过街白塔耸穹隆”的诗句。前一句说的是南、北口的大红门，后一句说的就是过街塔。

过街塔是元代藏传佛教建筑的特有形式，待后面佛教建筑部分细述。

大都西郊稍远一点的地方是著名的西山风景区。西山是其总称，其中主要包括玉泉山、寿安山和香山。王恽在其《游玉泉山记》中言：“玉泉，附都之名山也。”玉泉山早在金代就是旅游胜地，元代进一步作了开发。玉泉山前是一个很大的湖泊，即西湖，也叫瓮山泊，就是今天颐和园昆明湖的前身。这里景色十分优美，同时有不少壮观瑰丽的地面建筑。元文宗天历二年（1329），在玉泉山脚下、西湖岸畔修建了大承天护圣寺，历时四年方成。大承天护圣寺规模宏大，鎏金溢彩，为西湖增色不少。高丽的汉语教科书《朴通事》对西湖的景色及其建筑有生动形象的描述。

西湖是从玉泉里流下来，深浅长短不可量。湖心中有圣旨里盖来的两座瑠（琉）璃阁，远望高接云霄，近看时远侵碧汉，四面盖的如铺翠，白日里夜瑞云生。果是奇哉！

那殿一划是缠金龙木香停柱，泥椒红墙壁。盖的是龙凤凹面花头筒瓦和仰瓦。两角兽头，都是青瑠（琉）璃。地基地饰都是花班（斑）石，玛瑙幔地。两阁中间有三叉石桥，栏杆都是白玉石。桥上丁字街中间正面上，有官里坐的地白玉玲珑龙床，四壁厢有太子坐的地石床，东壁也有石床，前面放着一个玉石玲珑酒桌儿。

北岸上有一座大寺，内外大小佛殿、影堂、串廊，两壁钟楼、食堂、禅堂、斋堂、碑殿，诸般殿舍，且不舍说，笔舌难穷。

殿前阁后，擎天耐寒傲雪苍松，也有带雾披烟翠竹，诸杂名花奇树不知其数。阁前水面上自在快活的是对对儿鸳鸯，湖心中浮上浮下的是双双儿鸭子，河边儿窥鱼的是无数目的水老鸭，撒网垂钓的是大小渔艇，弄水穿波的是觅死的鱼虾，无边无涯的是浮萍蒲棒，喷鼻眼花的是红白荷花。

官里上龙舡，官人们也上几只舡，做个筵席，动细乐、大乐，沿河快活。到寺里烧香随喜之后，却到湖心桥上玉石龙床上，坐的歇一会儿。又上瑠璃阁，远望满眼景致。真个是画也画不成，描也描不出。休夸天上瑶池，只此人间兜率。

另外，元代诗人吴师道在其《三月十八日游西山玉泉遂至香山》一诗里描写西湖景致。

杭州西湖

行行山近寺始见，半空碧瓦浮晶荧。
先朝营构天下冠，千门万户伴宫庭。
寺前对峙双飞阁，金铺射日开朱棂。
截流累石作平地，修梁雄跨相纬经。
平台当前白玉座，刻镂精巧多殊形。

上述描写除反映了西湖景色的优美外，还指出大承天护圣寺坐落在玉泉山脚下，其部分建筑直伸展到湖中，即双阁。双阁之间有白玉栏杆石桥相通，石桥呈“T”形通向岸边，使大承天护圣寺成了西湖景的重要组成部分。

在西湖的另一方，即瓮山脚下，有元初著名的政治家耶律楚材的墓地。墓前有耶律楚材的石像。此墓在明代遭盗掘破坏，清乾隆年间又重

修，今颐和园中的耶律楚材祠即为清代所修。

玉泉、西湖之水还经通惠河流往大都城内积水潭。元统治者游览西湖景色，往往乘船经通惠河前往，一般官吏百姓也有骑马前往的。河岸上杨柳依依，舟船接踵，骏马欢叫，形成大都城的又一美景。同时，游西湖也成为大都人的一时风尚。

玉泉山往西，有寿安山（又名五华山）。元英宗硕德八剌曾花数年工夫在寿安山修建大昭孝寺。当时仅为造佛像就"冶铜五十万斤"，可见该寺的规模之大。大昭孝寺历经明清两代修缮，现还有部分建筑留存，这就是今天著名的卧佛寺。

寿安山往西是香山。《元一统志》卷一《中书省·大都路·山川》里记载香山的得名说"山有大石，状如香炉"，故而得名。香山半山腰有金代修建的寺院大永安寺，元代对该寺又加以整修，"庄严殊胜于旧"。

第三节 大都城的特点

>>>

大都城为唐代以来中国规模最大的一座平地起家新建的城市，继承和发展了中国古代都城规划的优秀传统，反映了当时的科学技术成就，在中国城市建设史上占有重要的地位。其特点可归纳为如下几点。

第一，继承发展了唐宋以来中国古代都城规划以三套方城，宫城居中、中轴对称布局的传统。这种布局从曹魏邺城、唐长安、宋汴梁、金中都到元大都逐步发展成三套整齐规划的方城相套，中轴线对称也更加突出。反映了封建社会儒家的“居中不偏”“不正不威”的传统观念，把“至高无上”的皇权用建筑环境加以烘托，达到为其服务的目的，从而可看出元世祖忽必烈对中原传统汉文化的学习与继承。

第二，宫廷的规划与苑囿有机地结合起来。元大都建设以前，就把金中都风景优美、未遭破坏的万宁宫及附近大片湖面囊括了进去，后又修建了整齐对称的宫殿等，使得整座都城庄严肃穆中又有山水风景以及市肆街坊，取得了高度的艺术成就。

第三，元大都虽然是按照汉族传统都城的布局建造起来的，但是随着各民族的文化交流，藏传佛教和伊斯兰教的建筑艺术逐步影响到全国各地，中亚各族的工匠也为工艺美术带来了很多外来的因素，使汉族的工匠在宋、金传统上创造的宫殿、寺、塔和雕塑等呈现着若干新的气象。另外，不少少数民族工匠及外国工匠也参加了大都的建设，更是增加了诸多新的东西。如尼波罗（今尼泊尔）匠师阿尼哥主持兴建的大圣寿万安寺（今白塔寺）的白塔以及由佚名工匠修建的居庸关过街塔等，都别具风格，为大都增色不少。阿尼哥不仅是一个建筑师，而且还是雕塑名家。他传入了“西天梵相”①，对我国佛教艺术产生了很大影响。

第四，完善的给水排水系统。给水河道的水源充足、渠道畅通，不仅解决了人们的饮水问题，而且又便于商旅及城市的物资供应，还美化了城市环境。排水系统的科学完善，亦保证了人们生活的方便与城市的整洁干净。

第五，城市建设前，成立了专门的机构进行科学论证；建设开始后，又有统一的领导与指挥，认真贯彻了设计意图。如建筑前水利专家郭守敬就为大都城规划了水系工程，建筑开始后刘秉忠等人又在充分论证的基础上，严格要求、科学施工，先铺设下管道，再营建宫殿等，从

① “西天梵相”指阿尼哥传入的尼泊尔佛像铸造样式，作风接近印度后期笈多时代，但又有自己的特色。

元大都城示意图

中可看出其科学性。

第六，在结构方面，除宫殿等以木构架为主要结构外，大都城门洞已采用了砖券拱门的技术。在元以前，城门洞上部一般做成梯形，用柱和梁架支撑，从元代起有一些城门用半圆形砖券。如建于 1358 年的元大都和义门瓮城城门洞，用四层砖券砌筑，不用伏砖，四券中仅一个半券的券脚落在砖墩台上。这种技术不但美观，而且结实。明清盛行砖券结构无梁殿，正是元代这种技术的发扬。

第三章

>>>

上都城与和林城及北方其他城市

3

元朝统治者对于祖先发祥地的蒙古草原一直给予特殊的关注，表现在建筑方面则是在草原兴建了不少颇具规模的城市。如规模恢宏且富民族特色的元上都与和林城。另外，元朝又在长城以北的广大地区建筑了许多军事和兼有某些生产性质的城堡，诸如集宁路城、应昌路城、赵王城等。这些城市大多地处今内蒙古草原，这是此前少有的，亦可看作是中国城市建筑的新发展。

第一节 元上都

>>>

上都是元朝的陪都，又称作滦京、上京，城址在今内蒙古自治区正蓝旗东20千米闪电河北岸。此处金代称金莲川或凉陉，筑有景明宫，为金朝皇帝避暑之处。

蒙哥汗时，忽必烈总领漠南汉族地区军国庶事，将自己的藩府移至金莲川地区。他于1256年春，命刘秉忠（即僧子聪）在桓州以东、滦水（今闪电河）以北，兴筑新城，取名开平府，作为藩邸。忽必烈之所以将自己的藩邸选择在金莲川，是考虑到金莲川地处蒙古草原南缘，地势冲要平坦，既便于与蒙古汗国都城哈剌和林的大汗相联系，又有利于对华北汉族地区的就近控制。事实上，忽必烈通过金莲川幕府的大量活动，从物质和人才方面加强了与汉族地区的联系，得到了汉族士大夫的普遍支持，为元王朝的建立打下了良好的基础。1259年蒙哥汗死，次年忽必烈在开平即大汗位，与留守和林的幼弟阿里不哥发生了争夺汗位的战争。忽必烈依靠汉地丰厚的人力物力，将开平作为前沿基地，历时4年，终于战胜了阿里不哥。中统四年（1263）升开平府为上都，取代了和林作为都城。后建立元朝，迁都至大都，把上都作为避暑的夏都，形成两都格局制。

上都是一座具有汉式宫殿楼阁和草原毡帐风格建筑的新兴城市，政治经济地位十分重要。它与大都有四条驿道可通，往北又可循贴里干驿道通漠北。元朝政府在上都设留守司兼本路都总管府，掌管宫阙都城及所属州县民事，皇帝返还大都后，兼领上都诸仓库之事。元末农民大起义中，红巾军分道北伐，中路关先生、破头潘部在顺帝至正十八年（1358）十二月攻破上都城，焚毁宫阙。明初，明朝廷在此处建立了开平卫，宣宗时（1426—1435）南迁独石，此城遂被废弃。

上都城遗址至今仍存，城墙基本完好，城内外建筑遗迹与街道布局尚依稀可见。结合文献记载，可知道上都城分宫城、皇城、外城三部分。

宫城是上都城中最主要的建筑，位于全城东部，皇城正中偏北，是皇帝居住的宫殿区域，总体设计采用园林式，互不对称，这与中原地区历代王朝建筑的宫城有很大不同。城垣东西宽570米，南北长620米，城墙用黄土夯筑，外包青砖，四隅有角楼，东西南三面有门。门开在城墙正中，东面叫东华门，西面叫西华门，南面叫御天门。御天门直对着皇城南门明德门，每年皇帝巡幸时，文武百官至此下马步行，唯有皇帝骑马直入。皇帝在上都期间有重大决策诏谕时，在御天门前

元上都城遗址

举行隆重的仪式宣读诏书，再送往大都转发全国各地。宫城城墙的东西两墙外 25 米处，有宽 1.5 米的石砌夹墙，沿夹墙外有条通道。此通道在北墙外约 100 米处与皇城北墙内的通道相通，并经皇城北门，可进入外城北半部的御苑区。自宫城南门进入的大道，与东、西华门内的大道相交，呈丁字形路口，在丁字口的北面有一座方形大建筑台基，当为大安阁遗址。在北墙正中还有一座大型建筑台基，与城墙等高，平面呈“冂”形，东西长 75 米，类似北京明、清故宫午门，据推测可能是穆清阁遗址，或是大安阁遗址，抑或是司天台遗址。宫城内的建筑物，除了这两处大台基位于城中央外，其余都是随地形而布置，多环绕不规则形池沼，垫出地基，上建殿、堂、亭、榭。每组建筑物的平面布局，大都呈品字形，即正堂前配以东西厢房，个别的也有工字形布局的。另外，根据史书记载，宫城内还有洪禧殿、水晶殿、香殿、鹿顶殿、歇山殿、隆德殿、崇寿殿、清宁殿、楠木亭、万安阁、统天阁、宣文阁、仁春阁等建筑。

皇城在全城的东南部，包围着宫城。城墙用黄土夯筑，外砌砖石，残高 6 米，底宽 12 米，顶宽 2.5 米。城垣平面呈正方形，每边长 1 400 米。南、北墙正中各开 1 门，并加筑有方形瓮城。东、西两墙上各开 2 门，加筑马蹄形瓮城。皇城的南门叫明德门，北门叫复仁门，东城墙上的 2 门分别叫作东门和小东门，西城墙上的 2 门分别叫作西门和小西门。皇城内街道布局整齐，主次分明，对称和谐。以明德门至御天门的大街为中轴，左右各有一条南北大街，与东、西门间的大道十字相交，并与小东门、小西门内的街道相交呈丁字街。在这几条主要街道两侧有街巷相通。这种对称布局的街巷，将城内划分成若干方形的街区。朝廷的机构就分布在这些街区中。另外还有一些佛寺、道观和孔庙等。城内东北隅和西北隅为两处规模较大的寺院，西北角的是乾元寺，东北角的是大龙光华严寺，都是藏传佛教萨迦派的寺院。元朝皇帝崇尚萨迦派佛教，尊奉其首领为国师，因此所建寺院位置与宫城一样占据重要位置。孔庙在皇城内东南角，现存有前后两殿遗迹，外有围墙环绕，西北连接一小院落，应是国子监遗迹。

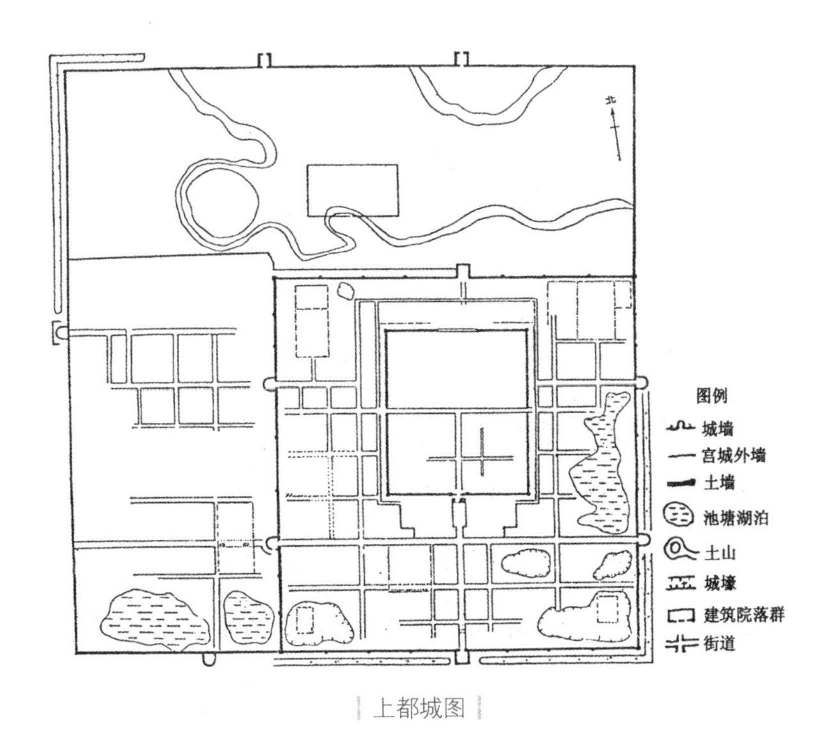

上都城图

外城城墙全由黄土筑成，东墙和南墙由皇城的东墙和南墙接出。外城的西、北两面各长 2 200 米，东、南两面至皇城墙的连接处各长 800 米，加上皇城墙的 1 400 米，也是 2 200 米，这样使上都城整座城市平面呈正方形。外城北开 2 门，南开 1 门。西面原有 2 门，元代后期毁一存一。南面 1 门建圆形瓮城，四面皆设壕。外城分为南、北两部分：南部分为一般建筑区，上都留守司、上都路总管府等地方官署及寺院、作坊等分布在这一区域；北部地势较高，自成一区，是皇家园林区域，元代称为北苑，又称作御苑、御花园、内园、御林苑等。苑内是为皇家饲养禽兽和培植花木的地方，自宫城的夹道经皇城的北门可进入北苑。

城外的东、南、西 3 面为关厢地带，有街道和居民建筑。东关长约 800 米，并向东北方延伸；南关长约 600 米，与滦河南面的建筑物相连，今河岸上还有连接两岸的石桥基础；西关向西延伸约 1 000 米。这里街道较狭窄，且随地形曲折，建筑物也较低矮。东、西关厢还有两处规模巨大的粮仓，有院墙围绕，东关的叫万盈仓，西关的叫广积仓。北郊有不少兵营、寺庙、宫观等建筑。

上都城在终元一代具有极重要的地位，它是元朝皇帝的离宫别墅。元世祖忽必烈每年四五月间从大都来到这里驻夏，直到八月才回到大都，此后成为定制被继任者承袭。忽必烈在上都登上皇帝宝座，后继的成宗、武宗、文宗和顺帝也都是在上都即位的。皇帝即位时要举行隆重的忽里台（大朝会），对先朝斡耳朵（宫帐）、驸马、诸王及蒙古各部长等，都要大加赏赐，并举行盛宴庆祝 3 天。参加者都要穿同一颜色的服装，称为诈马宴，或译为质孙宴，同一色的服装称为质孙服。诈马宴安排在城外的昔剌斡耳朵内举行，昔剌为黄色的意思。举行宴会的宫帐称为棕毛殿或棕殿，可容纳两三千人同时宴饮。棕毛殿旁还有慈仁殿、龙光殿等建筑物。皇帝每年到上都驻夏时，大多数蒙古宗王都要来到上都朝觐，称为朝会。另外，皇帝在上都期间，除了处理国家大事外，宫廷还要举办一系列活动，主要是宴会、佛事、狩猎、祭祀和其他娱乐活动。

上都城十分宏伟壮观，加之秀丽的草原风光、多彩的民族风情、绚丽的宫廷建筑、奇异的猛兽飞禽、富有江南特色的皇家园林，获得了当

元上都城的道路

时国内外人士的赞赏与瞩目，留下了大批赞美的诗文。如意大利著名旅行家马可·波罗曾到过上都城，朝觐过世祖忽必烈，《马可·波罗游记》中有专章描述上都的宫殿、御花园、棕殿及一些奇异故事。元代文人杨允孚、萨都剌、胡助、周伯琦、郑彦昭、王沂、宋本、乃贤等人也都扈从游览过上都，并有大量描写上都的诗文流传至今。如杨允孚的《滦京杂咏》，萨都剌的《上京杂咏五首》，胡助的《上京纪行诗》，周伯琦的《上京杂诗》，郑彦昭的《上京行幸词》，王沂的《上京诗》，宋本的《上京杂诗》，乃贤的《失剌斡耳朵观诈马宴》等。这些诗篇粗略统计有 600 余首，举凡上都的山川、气候、宫殿、园林、寺庙、街市、动物植物、风俗、宴饮、朝会、佛事、狩猎等无不给予描绘，可作为了解上都城的重要史料。如萨都剌的《上京杂咏五首》描写宫廷宴会：“一派箫韶起半空，水晶行殿玉屏风。诸王舞蹈千官贺，高捧葡萄寿两宫。”描写饮宴所在的棕毛殿：“沙苑棕毛百尺楼，天风摇曳锦绒钩。内家宴罢无人问，面面珠帘夜不收。”以诗歌体裁咏物叙事，给人留下深刻印象。

第二节
和林城

>>>

和林是蒙古汗国时期的都城，元朝时岭北行省的治所，全称哈剌和林。明初，北元政权曾据以为都，后废。故址在今蒙古人民共和国后杭爱省额尔德尼召北。

哈剌和林[①]，一说原是山名，指鄂尔浑河发源地杭爱山；一说本为河名，指鄂尔浑河上游。1235年，窝阔台汗命汉族工匠在鄂尔浑河岸建筑都城，即以哈剌和林为城名。全城南北约2千米，东西约1千米，其中著名的建筑物，大汗所居的万安宫在城区的西南部，有宫墙环绕，周约1千米。曾到过和林城的马可·波罗在其《马可·波罗游记》里描述说："和林城方圆约五千米，在很辽远的古代，鞑靼人最早在这里居住。这地方没有石头，周围全部用土块围绕起来，作为城墙，垒得极其坚固。城墙外面距离不远的地方，有一座规模宏大的城堡，堡内有一间富丽堂皇的巨大建筑物，是当地总督的住宅。"[②]另据1253年到和林访问的法国使臣鲁布鲁克记载："它（和林）有两个城区，一个是有市场的撒剌逊人居住区，那里有大量的鞑靼人，因为那里有一直接近该（城）的宫廷，也因为那里有许多使臣。另一个是契丹人的城区，他们全是工匠。这两个区外，还有供宫廷书记使用的大宫室。有十二座各族的偶像寺庙，两座清真寺，念伊斯兰教的经卷。城的尽头有一座基督教的教堂。城四周是泥土墙，有四道门。东门卖栗及其他种类的谷物，不过这些很难得运到那里，西门卖绵羊和山羊，南门卖牛和车，北门卖

① 哈剌和林，突厥语，汉意为"黑圆石"。

② 《马可·波罗游记》，福建科学技术出版社，1981年2月版，第56页，陈开俊、戴树英等译。

马。”① 说明和林城内有两个居民区，一为回族区，内有市场；一为汉人区，居民尽是工匠。除此而外，和林城里尚有许多官员住宅以及12所佛寺及道观，2所清真寺，1所基督教堂。由于蒙古汗国的强盛，和林城为当时世界著名的城市之一，各国国王、使臣教士、商人来往者甚多，成为中外各族人民交往的集中地。

世祖中统元年（1260），忽必烈打败了阿里不哥，进占了和林。四年，忽必烈升开平为上都，次年又升燕京为中都（后改大都），蒙古国的政治中心移至漠南汉地，和林城仅置宣慰司都元帅府。大德十一年（1307），设立和林等处行中书省统辖北边诸地，并置和林路，为行省治所。皇庆元年（1312），改为岭北等处行中书省，和林路改名和宁路。和林虽失去了都城地位，但仍为漠北地区政治经济中心，元朝曾派大臣出镇，遣重兵防守，并于其地开屯田，建仓廪，立学校。

元朝末年，朱元璋攻入大都，元顺帝妥欢贴睦尔退走应昌，后明洪武三年（1370）太子爱猷识理达腊继位，退据和林，仍用元国号，史称北元。北元政权由于明军的攻伐和内讧，不久衰落，和林也被废弃荒芜。据蒙古史籍《额尔德尼·额利赫》记载，1585年，喀尔喀蒙古阿巴岱汗在和林城旧址旁兴建了藏传佛教寺额尔德尼召。

和林城的确切地址和遗迹考察，自明代以来，中外学者进行了大量考证研究，取得了丰富成果。明罗洪先《广舆图》中的《朔漠图》幅，明确注“和宁”位于和林河（鄂尔浑河上游）之东。清初，方观承曾在额尔德尼召前发现元至正中所立石碑。1891年，俄国拉德洛夫在额尔德尼召找到元至正丙戌（1346）许有壬撰文的“敕赐兴元阁碑”残片，最后确定了和林城的位置。1948年至1949年，苏联和蒙古人民共和国的学者在吉谢列夫的率领下，对和林城遗址进行了大规模发掘。从1983年开始，蒙古人民共和国考古部门再次对和林城遗址进行了发掘。据报告，这次发掘的重点是窝阔台的宫殿，对和林城的主要情况有了比较清楚的认识。

---

①《鲁布鲁克东行纪》，商务印书馆，1985年版，第292页，耿昇、何高济译。

第三节
集宁路城

>>>

集宁路城遗址在今内蒙古西部集宁区东南25千米巴彦塔拉乡土城子村，是元代集宁路总管府所在地。城的东、北两面为起伏的丘陵山峦，北面约1千米处有东西绵亘的边墙，西面毗邻辽阔的草原，西南方向约10千米处还有浩渺的黄旗海（内陆湖）。全城平面呈正方形，分里、内、外三城。里城，长宽各60米，南墙中心处有门址一处。内城，东西宽630米，南北长730米，东南西北四面各开1门。外城，东西宽1 000米，南北长1 100米，东北部分内外城合用一墙，四面共开5门。南2门，东、西、北各1门。东门外有较大的瓮城，东西宽75米，南北长65米。各重城墙与门址的基址犹存，今尚能辨认清楚故城形状。各城门处门道口宽平，城角、城墙中间有方形建筑遗址，当是角楼望楼之类建筑。全城南部为工商业及居民住宅区，有东西3条主要街道，两排房屋密布排列，比较繁华热闹。北部里城中心为文庙，系一整组的三合院，是一个大的建筑群。里城面积接近360平方米，只建一组文庙，并且布置在城的中心，占着重要位置，可见对文庙的重视。这与元统治者重视崇尚儒教有很大关系。元代北方其他城市也是这种布局。

集宁路城在形制上与元代都城（上都、大都）近似，尤其和上都城的形制有许多共同点。如内城靠近北城墙、东城墙，而与外墙东、北城墙合为一墙，也就是内城在外城的东北城角；内外城门相对有纵横的中心线贯穿；重要城门加建瓮城等。上都和大都的主要设计者都是汉人刘秉忠，他运用了汉式古代城市建筑的传统手法，由此可知集宁路城的形制也受到了中国汉式古代建筑的明显影响。另外，集宁路城平面呈正方形，也是我国自古以来平地筑城所沿用的形制，元代在平地筑城，基本上都是方形。

集宁路城作为一个中等规模的城市，却建筑了非常高大坚固的瓮城，这在元代中原的一些城市是少见的，只有北方的一些军事重镇才会

出现如此情况。瓮城主要是为加强重要城市的军事防御性而设，由此可看出集宁路城的军事战略地位。这也是从宋代攻城常采取火烧战术，城门过梁与木门扇被火烧毁后，城楼塌陷被攻入的教训而改进的。这是元代城市建筑的一大特点。

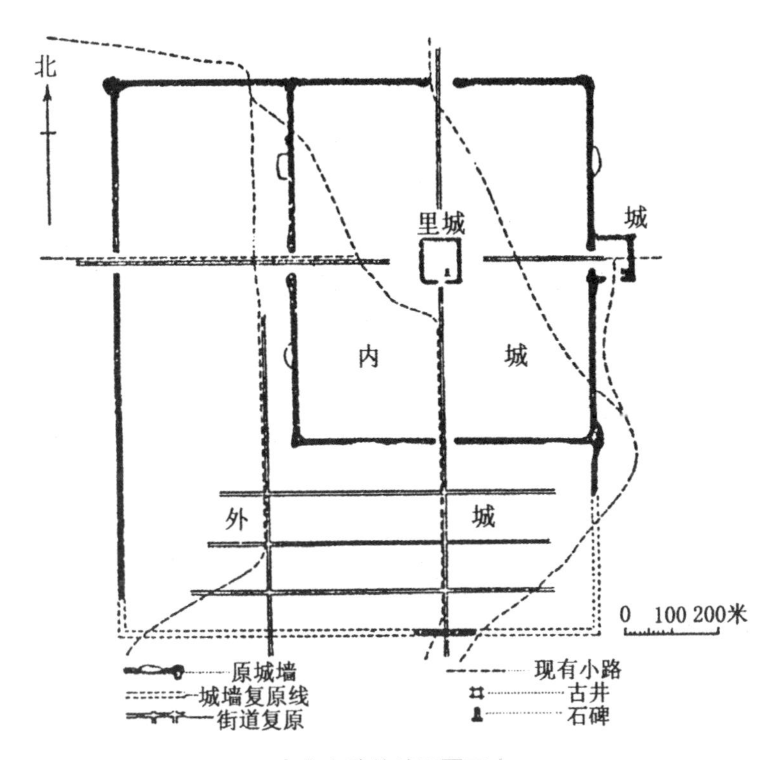

集宁路故城平面图

集宁路城的道路规划从南城遗迹尚可看出当初的情形。如各城门相对，其间主要干道并不直接贯通，城中有宫城或里城阻挡，或者是伸入道路的另一端与横街交汇成丁字街口等。这些手法与元大都相仿，其实也是沿袭宋制，北宋汴梁各相对城门之间的道路即已开创了此种形制。

集宁路城的遗址庞大，遗物颇多，这也可看出原来的建筑规模的宏伟。除前已提到的文庙和工商业及民居住宅外，遗址上还发现了大量的砖、瓦、石刻等。[①] 砖，收集到的有花砖、平砖、方砖、琉璃砖等。花

① 参见张驭寰《元集宁路故城与建筑遗物》,《考古》1962年第11期。

砖在遗址地面上随处可见，表面有花纹，可能是砌饰墙面或铺地用。矩形砖的尺寸为 31×15.5×4.5 厘米，可能是用于城门口或重要房屋砖墙上，与宋代砌城墙的牛头砖尺寸比例近似。琉璃砖高 15 厘米，宽 3 厘米，表面做花梗莲叶，叶子浮雕，上、下边宽 2 厘米，绿叶黄地，色泽鲜明，质量要比明清时期琉璃质密甚多。可能是城楼或文庙正脊的构件。

瓦，有筒瓦、板瓦两种，也有不少残破的瓦当。拾到的筒瓦中，有一块直径 11.5 厘米，另一块直径 12.5 厘米，筒长 26 厘米，厚 2 厘米，可能用于楼顶。板瓦长 37 厘米，大头宽 22 厘米，小头宽 17 厘米。小板瓦宽 16 厘米，厚 1.5 厘米。与宋代筒瓦、板瓦形制相仿。

石构件，有门砧石、压阑石、角石、元宝石等。其形制与《营造法式》规定的颇相似，内外两侧表面均作素平石面。

石刻，计有石狮、石羊、石人、石碑等。石狮一对，表面简素无细腻之雕刻，从造型和手法估计，可能是故城某大型建筑原物。

从这些华丽、高档的建筑遗物，可推测当时建筑之宏伟壮丽。

集宁路城地处元上都与大都之间，是元朝蒙古腹地的重要行政中心。从出土的坩埚、炼铜、铁渣、灰烬等遗物看，此处还是元朝北方的手工业中心。

第四节

应昌路城

>>>

应昌路城是元代弘吉剌部长兴筑的城市，城址在今内蒙古赤峰市克什克腾旗境内，北距锡林浩特市 90 千米，西南距元上都约 150 千米，是元代地区性中心城市的代表。

元代应昌路遗址

弘吉剌，或译作弘吉列、翁吉剌、雍吉烈等，复数译作翁吉剌歹、翁吉剌惕等，是蒙古高原上的一个大部落。它最初的游牧地在今内蒙古呼伦贝尔地区的根河、得尔布尔、额尔古纳河流域一带，后由于这一地区分封给了成吉思汗之弟拙赤哈撒尔，遂将它转徙赐于今锡林郭勒盟的东北部、赤峰市的西北部，其后代也就在这里生息繁衍。在蒙古族的早期发展时期，弘吉剌部就与成吉思汗所在的乞颜部建立了世代姻亲关系，成吉思汗的父亲也速该称弘吉剌部长特薛禅为亲家。成吉思汗就娶特薛禅之女孛儿帖为妻。到了元代，这一传统还被继承着，弘吉剌部斡罗陈万户娶世祖忽必烈之女囊加真公主为妃。所以，在有元一代，弘吉剌部仍受到朝廷的特殊关注。

世祖至元七年（1270），弘吉剌部斡罗陈万户及其妃囊加真公主请求在其封地内兴筑城郭。同年动工兴建，建成后赐名为应昌府，至元二十二年（1285）升为路。斡罗陈万户，系特薛禅曾孙、按陈之孙、纳陈之子，所尚公主有2人，先尚完泽公主，完泽公主死后，又尚囊加真公主。囊加真公主为世祖忽必烈之女，因此兴筑应昌路城的工程，在朝廷的支持下，很快就完工了。弘吉剌部建立应昌城后，至少有4位以上首领被封为鲁王，囊加真公主也被称为鲁国大长公主，所以，应昌路城又被称为鲁王城。

应昌路有庞大细致的统治机构。据《元史》记载，包括管钱粮税收的钱粮都总管府、管理不属于国家户籍人口的怯怜口都总管府以及管理人匠、鹰坊、军民、军站、营田、稻田、烟粉等的官署，总计官署有40余个，官员有700多人。这也从另一个侧面说明应昌路城的庞大。

应昌路古城平面为长方形，城墙今保存较完好，南北长约650米，东西宽约600米，方向10度。全为土筑，最高残存3～5米。城墙东南西三面正中开门，并筑有瓮城，北墙无门的痕迹。城内建筑遗迹，暴露于地表，可清楚地看出街道坊市，是内蒙古自治区元代古城保存最完整者。

城内南部为街区，自南门内为一条南北向大街，以南街为中轴，在其东120米，西220米处，各有一条与南街平行的大街。自东门至西门之间为东西向大街，此街南120米处，又有一条东西横街与之平行。这几条街道十字相交，将城内南部划分为8个街区。

在城东门内，有一组较大建筑物，四周有墙围绕，现存土埂高约1米，平面约为长方形，中部有墙，把建筑分成东西两部分。在东部一大建筑遗址前，有汉白玉石碑1块，无碑首及龟趺，仅存碑身，上刻加封孔子制诏文。西部主要建筑物之南侧，亦有汉白玉石碑1块，下半部埋入土中，上为螭首，篆刻“应昌路新建儒学记”8字两行，碑文已模糊不清。其旁有石狮1对，已被捣毁，高约1.3米。由此可见，此组建筑物当为儒学遗址无疑。

在城内北部中央，即在东西大街的北面为一座大型院落，内有不少建筑物。其四周有土筑围墙，南北长240米，东西宽220米，东、南、北三面围墙正中设门，南门址豁口宽约20米，只有石柱础，应是一个宏伟的门址。一进南大门向北为一建筑于夯土台基之上的大型建筑，台基高约3米，台基之南部有凸出之台阶。台上建一面阔、进深各5间的

大型建筑物，柱础排列有序，规模宏大，其础距南北 1.8 米，东西 1.3 米，全屋长、阔约 30 米，柱础直径约 1.5 米，屋内中央减柱 4 根。另在北墙外正中加有两个圆形小石柱础，可能为加筑之过道门，以便与后院相通。此建筑物为全院内之最宏伟者，可能是当时的主要殿堂。此殿以西为一略低于它的方形夯土台基，长宽仅 6.7 米，上有石柱础 4 个，为一方亭类建筑物。此方亭之左右亦各有一土台，均为正方形，四角各有柱础石一个，可能为亭榭类建筑物。再北为另一方形台基，高约 2 米，柱础全为汉白玉石质，面阔、进深 3 间，正中只减两柱，室内之两柱础为圆形，与四周之方形石柱础不同，因系室内之物，故加工细致。此建筑物之柱础石，为全城中石质最佳者，在此建筑址内发现有绿琉璃瓦残片等物，可见为当时最富丽的建筑。其后为长方形建筑址，台基高约 2 米，为一面阔 5 间、进深 1 间之建筑物，现存柱础两排，前排尚完整，后

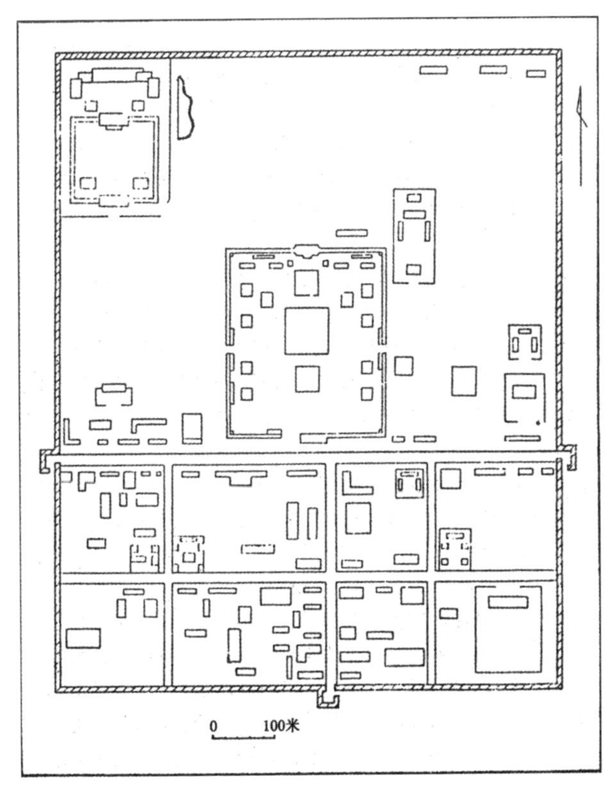

应昌路城遗址平面示意图

排仅见东西末端之两石础。在院落的四隅，各有一土堆，只能初步看出形状，未见有石柱础，似为砖建筑物。综观此组建筑群，气派宏伟，规模巨大，位于全城之正中，应为应昌路总管府遗址，即鲁王府故址。

在此中央建筑群之西北方，即城之西北隅，尚有一小院落，有院墙，院内正中有建筑遗址两处，南北并排，均有高约 2 米之台基，上有石柱础，约为面阔 5 间，进深 3 间之建筑物。院内东西各有残石龟趺，外表已剥落，无碑身，可知此院落也是一主要建筑群。

在中央建筑群的东北方，另有一座长方形的院落，平面呈长方形，南北长 200 米，东西宽 150 米，残墙高 1.5 米，南墙正中开门，院内建筑物共三进，第一、二进之间加筑有回廊，形成大院中的小院。后院正中为院内主要建筑，东西两侧还建有配殿及亭台遗址。当亦为官署之所在。

在今城内建筑遗址上，多散布有残砖瓦片。其瓦均为素面布纹里，砖有长条及方形两种，无纹饰。另外也有少量日用陶瓷片。在主要建筑遗址内，还有一种云纹石刻，大约 1 米，下有榫头，可能是建筑物前的一种装饰。另外还有一圆柱形石刻，直径约 80 厘米，其两端刻有漂亮的花纹。

在城址西南的小山上，有覆钵式石塔一座。塔全高约 10 米，下部基座全为石条堆砌，四角原有立雕之狮头，现已残毁。塔顶为砖砌，13 相轮较为粗壮，原铜刹顶已失去，是元代的一座残塔遗迹。

在城址东南方的达里诺尔南岸有一小山，山在元代名叫曼陀山，山麓有一石洞，山下有寺一座名龙兴寺。洞口曾经人开拓，现已塌毁。在洞外 20 多米处，立有汉白玉石碑一块，通高 3.25 米，宽 1 米，厚 0.24 米。螭首微损，龟趺损毁较严重。碑文为汉字楷书，共 27 行，544 字，文有“应昌路曼陀山新建龙兴寺，皇尊大长公主普纳，鲁王桑哥不剌重修……泰定二年（1325）青龙在乙丑六月既望立石”等字，说明此山叫曼陀山，此寺叫龙兴寺，并由此了解到它与应昌路之关系，甚为可贵。现此地名为大王庙，石碑为近代僧人用水泥灌入龟趺重立，并建有碑亭。

应昌路城建筑在达里诺尔西南岸边的平滩上，有一条小河自城南流

过，注入达里诺尔。宏伟壮丽的城市建筑，配以富饶美丽的草原景致，别有一番情趣。元人杨允孚曾有咏应昌路城诗云：“东城无树西起风，百折河流绕塞通。河上驱车应昌府，月明偏照鲁王宫。”此诗对应昌路城的地理环境、城市建筑等给予了真实生动的描绘。

1368年元顺帝妥欢帖睦尔退出大都，宣告了元王朝的灭亡。元顺帝先退至上都，第二年又退至应昌府，仍继续奉元朝正朔。1370年元顺帝病逝于应昌，其子爱猷识理达腊继位，改元宣光。1372年明朝派遣三路大军进击北元，李文忠率领的东路大军曾攻入应昌路城。后爱猷识理达腊一度又占据了应昌路城。1378年爱猷识理达腊卒，其子脱古思帖木儿继位，改称天元。后在明王朝军队的打击下，北元势力远退至漠北蒙古高原，应昌路城亦逐渐废弃。清张穆在其《蒙古游牧记》里曾记述了应昌路故城位置，但误称达里诺尔为捕鱼儿海子。

第五节 赵王城

>>>

赵王城是元代汪古部长世居之地，城址即今内蒙古自治区达尔罕茂明安旗阿伦斯木古城。

汪古部是蒙古汗国时期归顺成吉思汗的一个重要部落。其先人在唐代时期就居住在今内蒙古自治区大青山以北地区，史书中称其为阴山达怛，或白达怛。辽朝时期，辽末代皇帝天祚帝被金军追击退守夹田时，曾向白达怛部求援，可见其势力之强大。金王朝建立后，汪古部归附于女真人。当时，蒙古部势力在漠北逐渐强大，金王朝为了防御蒙古部的南下，在阴山北面挖掘壕堑，修筑城堡，并命世居此地的汪古部为其戍边。当铁木真（即成吉思汗）即将统一蒙古各部的时候，乃

敖伦苏木城遗址

敖伦苏木古城俗称赵王城、五英雄城，位于中国北部内蒙古自治区的达尔罕茂明安联合旗，遗址内出土了大量的建筑构件、石碑、石兽以及景教墓石等遗物。

蛮部长太阳汗曾遣使往见汪古部长阿剌兀思·剔吉·忽里，意欲联合汪古部与铁木真抗争，但阿剌兀思却率众归顺了铁木真，并协助他征服了乃蛮部。由于汪古部在统一蒙古各部的战争中功勋卓著，所以，当铁木真在1206年建立蒙古汗国，称成吉思汗后，便论功行赏，授予汪古部长阿剌兀思以5 000户，并约定为世代姻亲关系。其后，汪古部又在蒙古汗国灭金的过程中建有奇功。1211年，成吉思汗派军攻金，阿剌兀思率众为其做向导，使金朝边防的壕堑、城堡失去抗御作用，蒙古大军席卷了金的净州、丰州、东胜州等地。成吉思汗鉴于阿剌兀思的功绩，将自己的三女儿阿剌海别吉下嫁于他，结成姻亲关系，并封汪古部长子孙世代为王。据元史记载，汪古部长曾被封为北平王、高唐王、鄃王，自元武宗至大二年（1309）术忽难封为赵王起，先后共实封有8位

赵王，并追封汪古部长6人为赵王。于是，汪古部长在世祖忽必烈至元年间（1264—1294），于今内蒙古自治区达尔罕茂明安联合旗地所兴筑的府城，也就以赵王城通称。汪古部在终元一代的显赫地位，也为赵王城的宏大作了侧面注解。因为这样一个地位显赫的部落的府城是不会太小的。

赵王城遗址在20世纪20年代至30年代引起了中外学者的广泛重视。1927年，中瑞科学西北考察团中方团员，考古学者黄文弼先生在达尔罕茂明安联合旗考察了阿伦斯木古城，在古城中发现了《王傅德风堂碑记》汉文石碑和一通蒙文石碑，证实了此城址就是赵王城。1932年美国人拉铁摩尔也到此城考察，获得了景教墓石资料。这两次重要发现，在中外学术界引起了强烈反响。另外，日本学者江上波夫先生也先后于1929年、1935年、1942年3次考察了阿伦斯木古城，美国学者海涅士和马丁在1940年也考察了阿伦斯木古城，并在周围地区考察了汪古部旧城址及墓葬。中华人民共和国成立后，更有大批中外学者对赵王城进行了发掘考察，取得了丰硕成果。

中外学者对赵王城遗址如此重视，一方面是由于汪古部是蒙元时期的一个重要部落，另一方面，也是更重要的一个原因是汪古部是个信仰景教的民族，城址里有不少景教建筑遗迹。后其移居到了中国北方草原地带，金元时期，北方草原上的汪古部、乃蛮部和克烈部等，都是信仰景教的部族。但赵王城遗址中留下的景教建筑遗迹有力地说明了汪古部的这段历史。

经中外学者的发掘考证，今达尔罕茂明安联合旗的敖伦苏木古城就是历史上的赵王城。敖伦苏木，又译作姥弄苏木、鄂伦苏木、敖伦苏木等，是蒙古语中许多庙宇的意思。其古城位于艾不盖河北岸的冲积平原上，现今达尔罕茂明安联合旗旗政府百灵庙镇东北约30千米。古城呈长方形，城墙系用土夯筑而成，东墙残高约3米，其余三面墙只剩下断断续续的残墙，东墙长951米，南墙长582米，西墙长970米，北墙长565米，在西、南、东三墙正中开设城门，并加筑有瓮城，四角有角台。城内建筑遗迹很多，其中院落遗迹有17处，建筑台基则多达99处。城内街道宽阔，布局整齐。在中部偏东靠近南墙处有一大院落，院

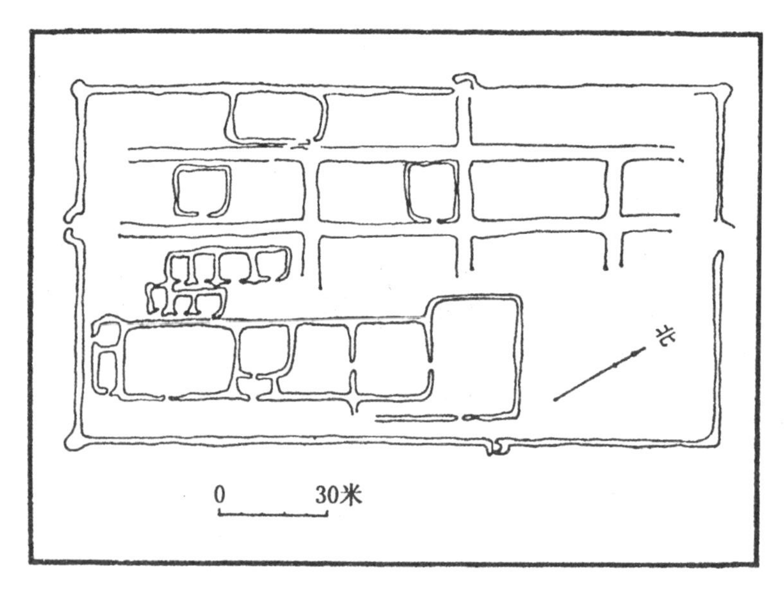

元赵王城（德宁路）遗址平面示意图

内有一组建筑在高约3米的台基上的建筑遗址，著名的《王傅德风堂碑记》石碑即发现于此。此组建筑物可能就是赵王府遗址。在城内东北角，中外学者经过发掘考证，一致认为就是罗马教堂遗址。城内的元代建筑台基，曾经被明代土默特蒙古部长阿拉坦汗在城内兴建藏传佛教寺塔时所改造和利用，并在城东、城北部兴建了一系列藏传佛塔。现在这些塔身已倒塌，在基座内埋有大量的“察察”（即泥塑的小佛像）。近年在城内东北角的建筑遗址上采集到了不少花纹贴面砖残块，有的具有古罗马建筑装饰的风格，证实了罗马教堂的存在和位置。这是目前在亚洲仅存的一处时代最早的天主教堂，因此，具有极高的学术研究价值。

敖伦苏木古城墙遗址

第四章

佛教与道教建筑

4

在元代宗教信仰相对自由、多种宗教并存发展的情况下，佛教与道教建筑都得到了很大的发展，至今留有不少寺塔、宫观等建筑实物。如山西洪洞县的广胜寺是元代佛教建筑的重要遗迹；山西芮城县的永乐宫是元代道教典型建筑，亦是道教全真派的重要据点；河北曲阳县的北岳庙，系历代帝王祭祀北岳恒山的地方，虽在汉代和北魏已有修建，但主殿重建于元代，是现存最大的元代木结构建筑。另外还有大量的祭祀山川、神灵、祖先及奉祀贤圣的庙宇，它们共同为元代建筑增添了色彩。

第一节

广胜寺

>>>

广胜寺在山西省洪洞县东北 17 千米的霍山之麓，相传始建于东汉建和元年（147），元大德七年（1303）毁于地震，九年重建，明清两代又多次重修、重建。广胜寺分上、下两寺，上寺在山顶，下寺在山麓，相距 500 米许。另在下寺西侧有水神庙。其中下寺、水神庙的建筑主要是元代修建的，是元代佛教建筑的重要遗迹，上寺虽经明清修葺，但基本布局变动不大。

下寺建在山脚下，有山门、前殿、后殿。整个建筑群前低后高，由

洪洞广胜寺飞虹塔

陡峻的甬道直上为山门，经过前院再上到前殿。左右贴着殿的山墙有清代修建的钟鼓楼。后院靠北居中的为后殿（即正殿），东西有朵殿。从前后两个院落利用不同的建筑间距与建筑组合方式等整体结构来看，形成不同空间，是传统的布局法。

下寺山门，面阔3间，进深2间6椽，单檐歇山筒瓦屋顶，前后檐下出雨搭，明间开门。它的结构为殿堂型5铺作分心槽，明间前后檐各用3椽栿伸到中柱上，另在明间前后檐柱与两山中柱间搭抹角梁。此殿建年无考，但从结构手法风格来看，应是元代建筑。前后加雨搭是中国建筑史上的仅见之例，但也有的学者认为就是重檐的下檐改建的。

下寺后殿建于元至大二年（1309），面阔7间，进深4间8椽，单檐悬山筒瓦屋顶，前檐明、次间装格子门，梢间开直灵窗，尽间及两山、后檐砌墙，构架仍使用内额。在前后檐以内深2椽处，于左右的次、梢、尽3间处各用一根通长内额，外端搭在山间梁架上，内端搭明间前后金柱上，但后内额在中点处各再加1金柱。整座殿共用6根内柱，架起前后两道内额，承托前后檐的斜梁和中梁的4椽栿、平梁，比平常做法少用6根内柱。殿内在后金柱之后为佛坛，有三世佛和文殊、普贤菩萨像，均为元代佳作。殿内有不少元代壁画精品，惜已于1929年被帝国主义分子掠去。

下寺后殿在梁架结构方面很有特色。首先，使用了减柱和移柱法。柱子分隔的间数少于上部梁架的间数，所以梁架不直接放在柱上，而是在内柱上置横向的大内额以承各缝梁架。殿前部为了增加活动空间，又减去了两侧的两根柱子，使这部分的内额长达11.5米，负担了上面两排梁架。其次，使用斜梁，斜梁的下端置于斗拱上，而上端搁于大内额上，其上置檩，节省了一条大梁。斜梁是用弯曲的木料做成的。下寺后殿这种大胆而灵活的结构方法，是元代地方建筑的一大特色。它在中国建筑史上是颇有积极意义的。此前，两宋建筑已趋向细密华丽，装饰繁多，而元代的简化措施除了节省木材外，还使木构架加强了梁、枋与柱子之间直接的联系，从而增强了建筑物的整体性和稳定性。当然，作为一种革新措施，其本身有成功的地方，也有不足之处。如前述长达11.5米的大内额，由于内额跨度大，加之当时还没有科学的计算方法，后来就不得不补加柱子于内额下作支撑。但其成功之处和探索精神对后世是产生了积极影响的。

水神庙，在下寺的西侧，是历史上洪洞、赵城两县祭祀水神的地方，有戏台、山门、明应王殿等建筑。明应王殿（俗称水神殿）是庙内的主要建筑，重建于元仁宗延祐六年（1319），为重檐歇山顶周围廊型祠祀建筑。整个殿宇深广各5间，前檐明间设板门一道采光，余皆用墙壁封闭。殿属殿堂型结构单槽形式，殿身用5铺作，副阶用4铺作。殿内后金柱间为神龛，供明应王及侍从塑像，龛前有官员立像4躯，均为元代雕塑之精品。殿内四墙上有大量壁画，曾引起建筑和美术界的高度重视。

水神庙壁画今日完整保存下来的有13幅。其中西墙上有4幅，即《祈雨图》《敕建兴唐寺图》《下棋图》《打球图》；东墙上有4幅，即《龙王行雨图》《庭园梳妆图》《渔民售鱼图》《古广胜上寺图》；北墙上有2幅，即《后宫司宝图》《后宫尚食图》；南墙上有3幅，即《霍泉玉渊亭图》《唐太宗千里行径图》《大行散乐忠都秀在此作场图》等。

《祈雨图》位于西墙中央，尺幅宽大，布局疏朗，是殿内的主体画幅。画面上水神明应王居中，戴通元冠，穿绛纱袍，圆睁双目坐于龙椅之上，形象颇为庄重威严。在明应王的两侧有文武官吏及玉女、鬼卒侍立。其形态衣着各依身份，生动形象。另在殿阶之下，有一头戴乌纱，身穿青袍的官吏，手捧祈雨奏折，跪请明应王开恩降雨。这本来是一幅表现清廉官吏为民祈雨的神话故事，但却完全描绘成了人世间封建宫廷朝仪的场面。

《敕建兴唐寺图》在西墙的左上角。此图是以霍山一带广泛流传的唐太宗敕建兴唐寺的传说为题材绘制的。画面背景是云雾缭绕、山川起伏的北国景象，画中为一队人马举旗行路。其中一帝王居中，文武百官随行左右，武士神仙护卫前后，一派帝王出行的宏大气势。

《下棋图》位于西墙北侧。主要描绘两位官吏模样的人弈棋。在深山幽谷中，一官吏半蹲举棋，意欲落子；另一位密切注视着对方的动向。其后有四位神态各异的观战者。另外远处山道上有一骑疾驰而来，更增添了山间弈棋的特殊气氛。

《打球图》在西墙北侧上方，是殿内尺幅较小的一幅壁画。主要描绘两位头戴东坡巾，身穿朱袍的官员，在深山之巅的一块平坦场地上，一东一西，持拍拾球，相互做攻球状的情景。其后还有两个侍卫在指指点点。此画是研究元代球类运动的宝贵资料。

《龙王行雨图》在东墙中央，与西墙的祈雨图两相对应，构成明应王殿的两幅主体画。图的上方，鬼卒骑在龙背上，后有雷公、电母、风伯、雨师各显其能，黑龙隐现于翻滚的浓云之中，大雨向东南瓢泼而下，整幅图将自然界的变化与神话般的描写巧妙结合，极富想象力。

《庭园梳妆图》在东墙北侧上部，是一幅女性生活习俗图。图中背景为一寂静的小庭院，其间有古柏假山、翠竹花卉、环绕回廊，一仕女穿廊而来，画中主人双手微举，梳理发髻。整幅画恬淡幽美，人物生动，充满了世俗的生活气息。

《渔民售鱼图》在东墙南侧下方。此图是一幅反映元代世俗生活的优秀作品。画中有一老一少，面前摆一方桌，桌上有酒坛、酒壶、杯、盘、瓜果等物，做饮酒状。旁有一老年渔翁正给一官员称鱼。官员双目注视着挂有3条鲜鱼的秤杆，好像在观测鱼的重量。渔翁身微倾，手提鲜鱼，张口含笑，好像在向买鱼人诉说鱼的重量与价钱。其中人物描绘神态各异，生动形象。如官员面目丰润、衣着华丽，反映了他生活的富有；而渔翁苍老消瘦、衣衫褴褛，显示了劳动群众的艰难处境。这种以绘画方式提炼反映当时社会现实，确为我国古代建筑壁画中之佳品。

《古广胜上寺图》在东墙南上角。此图画面虽不大，但基本上展现了古代广胜上寺的概貌。金代以前的广胜上寺早已毁弃，今所看到的为元代所修建。而今日之广胜上寺已与壁画上所绘的差别很大，所以此图为研究广胜寺的兴衰提供了重要的史料。

《后宫司宝图》在北墙西部明应王神龛右侧。此图主要表现明应王后宫仕女的宫廷生活。图中主要人物有四位，三位仕女，一位官吏。一仕女抱古琴，一仕女手举荷花欲插放，一仕女拿花瓶往桌上安置，官吏

传递果盘。背景是米黄色帷幕，上绣团花，帷内有红色隔扇。整幅画别致淡雅。

《后宫尚食图》在北墙东部明应王神龛左侧，与司宝图相对称，内容也是描绘明应王宫廷生活的。图中为王宫膳房的一隅，中置一案，有侍者 9 人。其中 6 人在奉送食品，1 人手持鹤羽而立，2 人在烧水。烧水者 1 人蹲在地上用铁条捅炉子，1 人在上面左手扶铜壶，右手将衣袖搭在发髻上，防止落灰。这种对社会生活细致入微的描绘，在古代建筑壁画中是少见的。

《霍泉玉渊亭图》在南墙西侧上部，是一幅写实的自然山水图。玉渊亭，是宋元时期霍山脚下的著名亭榭，平面呈方形，单檐四角攒尖顶，覆盖布瓦，檐下匾额一方，上题“玉渊亭”三字。亭周围山清水秀，流水潺潺，游人经此赏景题诗。此图描绘的正是这样一幅情景。

《唐太宗千里行径图》在南墙西侧下部。此图是以《图书集成》“神异曲”篇中载：“千里径，在州东三十里山下，即霍山神引唐太宗攻霍邑之路也，中有土桥，太宗至此，桥断不能渡，及拜而祷之，桥遂涌出”的故事绘制的。此故事在霍山一带广泛流传。图中背景为崇山峻岭、苍松翠柏、流水古桥。桥上一老者持杖而行，桥东文武官员互相拜别，后边还有鬼卒等。与西墙的唐太宗敕建兴唐寺图相互呼应，浑然一体，体现了作画者的艺术造诣与匠心。

《大行散乐忠都秀在此作场图》在殿内南墙东侧下部。此画在学界已广为人知，尤其为戏剧研究者所津津乐道。画的上端为北霍渠彩绘东壁题记，下部画有一个散乐班子正在演戏。舞台上挂有横批，下为方砖地面。其中演出登场人物有 11 人，分前后两排，各自的年龄、身份、服饰互不相同，已可分出生、旦、净、末、丑等不同行当。前排左方为一老者，扮丑角，领班演员忠都秀为一位女扮男角。在道具方面，除了大型舞台装置外，还有牙笏、刀枪、宫扇等经过美术加工而戏剧化了的道具。画中还有演奏乐器者 3 人，2 男 1 女，乐器有鼓、笛、拍板 3 种。皮鼓较大，位于上场门侧，笛子居中，拍板略偏右。说明这 3 种乐器已组成一套舞台乐器了。舞台正面有精美的绣花帷幕和剧团的横额。横额题款“尧都见爱·大行散乐忠都秀在此作场”，表明了演出团体的

霍　泉

性质和领班演员的名字。帷幔上绣有绘工精致的两幅图案。这些都是研究元代戏剧史的珍贵资料。

中国戏剧发展到元代，进入了高峰期和成熟期，所以元代的祠祀建筑和许多公共建筑的特有形式是正对着大殿建造戏台。这也成为元代祠祀建筑的特有形式，并影响到了明、清两代。元代戏台为了适应当时戏曲表演的要求，平面尺寸基本上是一致的。如上述水神庙壁画演戏图所表现的那样，戏台没有固定的前后台的分隔，演出时中间挂幔帐以区隔前后。到了明、清时期，由于戏曲得到了进一步的发展，舞台乐器增多，戏台才分出前后台和左右伴奏的地方。

水神庙壁画在中国元代建筑美术方面很有影响和特色。从内容和风格、技法方面来看，它与永乐宫三清殿壁画、纯阳殿壁画等有明显不同。就其内容来说，水神庙壁画多反映中国古代的历史故事和当时的社会生活实际。画师们善于捕捉和概括社会生活景象，并给予生动的刻画，生活气息特别浓郁。在这一点上可以说是一定程度上突破了传统宗教的樊篱，与永乐宫的道释画有很大不同。就其构图方面来说，水神庙壁画疏密搭配，画面开阔，而永乐宫壁画则较为严谨。在画法上，永乐宫等处壁画人物飘逸，笔力洒脱，线条流畅，而水神庙壁画则线条苍劲，笔法老练，人物神态逼真，刻画入微。如《上举卖鱼图》《打球图》《玉渊亭图》、戏剧壁画等，都十分精彩。在用色方面，水神庙壁画重彩平涂，着色除石青、石绿外，朱砂、银珠、土黄色等也占有较大比重，部分人物服饰的衣襟也间有黑色，这样使整幅画显得深沉古朴而又富丽堂皇。而永乐宫等处壁画则多是重彩勾填，石青、石绿为主基调，间以暖色填充。据研究者称，水神庙壁画之所以出现此种现象，是因为画师们是在没有或很少有参考和借鉴资料的情况下创作的，他们完全凭着自己的生活积累和创作才能，完成如此高水准的艺术作品。水神庙壁画与永乐宫等处元代壁画一起，为中国古代的建筑绘画作出了自己的贡献。

第二节

永乐宫

>>>

永乐宫，原址在山西省芮城县西 20 千米的永乐镇，故习称永乐宫。相传为“八仙”之一的吕洞宾的故里，乡人于其地建吕公祠以祭祀，金末改祠为观，后毁于火。元世祖中统三年（1262）重建，易观为宫，名大纯阳万寿宫。是元代道教典型建筑，亦是道教全真派的重地，与大都天长观和终南山重阳宫并称。

芮城永乐宫

一、永乐宫的建筑

永乐宫原规模很大，后屡经变迁，有一部分建筑已毁塌。但原有的几座主要殿宇基本上还都保存了下来。从现存部分和总体布局来看，仅在一条南北向的轴线上排列着主要建筑，不设东西配殿或周围廊屋，打破了传统习惯。由前至后现存建筑有 5 座，即宫门、无极门、三清殿、纯阳殿和重阳殿。最后的丘祖殿和纯阳殿两侧的朵殿已毁，今只存遗址。除宫门为清代建筑外，其余 4 座殿宇都是元代建筑。其中三清殿是唯一的主殿，体积最大，殿前有宽大的月台和笔直的甬道，院落宽敞。三清殿以后，建筑物的间距和规模逐渐缩小，在空间感的处理上，宾主的气氛十分鲜明。

从建筑学的角度来看，永乐宫中轴线上现存的 4 座殿宇都是比较典型的元代木结构建筑。其建筑结构与形制不仅继承了宋金时代

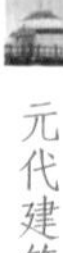

的某些传统，而且还有大胆的革新创造，给明代建筑技术的发展开辟了新途径，是我国建筑史上不可多得的实物资料。下面依次作一介绍。

无极门，又称龙虎殿，是永乐宫原有的宫门。面阔 5 间，进深 2 间 6 椽，单檐庑殿顶，坡度比较平缓。斗拱 5 铺作单抄单下昂，补间铺作用真昂，构件用材比例大体上接近宋制，但也间有出入。如檐柱头上所用栌斗宽仅 30 分，比例嫌小，而各种拱子的长度却都稍大于《营制法式》的规定，可能是因为补间只用一朵，间距较疏朗，故此增加拱长，对于结构的稳定更为有利一些。梁架结构为彻上露明造，中间竖立中柱一排，以内额相联贯。前后檐各用三椽栿相对，后尾搭在中柱上，其上再叠架平梁、搭牵，立蜀柱，戗叉手。两山则甩丁栿承载上面的梁架，正脊采用推倒山做法，两次间于前后上平槫的背上各架太平梁一根，结构手法简洁利落，富有创造性。从工艺手法上看，梁栿构件多用圆木做成，断面无一定比例，肥瘦参差不齐，加工粗糙，仍沿用唐宋以来草栿的制作手法。与洪洞广胜寺的几座元代建筑的作风相同。中柱上装板门 3 间，比例颇显高大。门枕石上雕刻的石狮和台基压阑石上的角兽，姿态生动，刀法雄浑有力，为石雕之精品。后檐明间的踏道缩在台基里面，颇为罕见。门内当中悬匾额一方，书“无极之门”四个大字，系至元三十一年（1294）所制。屋顶宽筒板布瓦，不用脊筒而以瓦条垒脊，仍是早期建筑的传统做法。正脊两端各安龙形鸱吻一只，高 2 米，怒目蜷尾，姿态威猛，雕塑水平很高。

从无极门的上述建筑特征来看，应是元代遗物，其显著特点是用料经济，能用小料盖大房子，并在梁架结构上做了一些大胆的革新与尝试。如庑殿的太平梁结构和四角刚度的处理，都有突破成规、敢于大胆创新的精神，它的建筑年代虽晚于三清、纯阳两殿，但原有的大木构件被大部分保留下来，弥足珍贵。

三清殿，又名无极殿，是供奉太上老君李聃（老子）的地方，并且是永乐宫中最主要的一座殿宇。其面阔 7 间，进深 4 间 8 椽，单檐庑殿顶，矗立在一个高大的台基上，巍峨壮丽，冠于全宫。殿前设大月台，宽 15.60 米，深 12.15 米，漫铺方砖。月台的两侧复各设朵台 1 个，上

芮城永乐宫龙虎殿

下各设踏道 4 条，象眼部分以条砖镶砌成菱形图案，叠涩达 5 层之多，与洪洞县广胜寺元建明应王殿踏道象眼的做法十分相近，是国内罕见的实例。殿的平面配置，为了扩大空间，采用减柱造法，仅后半部设金柱 8 根，垒扇面墙 3 堵，作为安置偶像的神龛，其余金柱均减去不用。前檐仅东西两尽间砌以檐墙，其余 5 间俱装隔扇，以供采光和人流出入之用，后檐明间装板门两扇，以通后殿，剩下的东西山面和后檐俱垒砌土坯砖墙，绘制大幅人物壁画。殿内地面漫铺方砖，方 32 厘米，厚 6.5 厘米，底面模印“米”字方格，便于坐灰挤实。这种砖是一种特制的方砖，比较少见。砖砌台基高 2.38 米，台帮和台面都有显著的收分和散水。

外檐斗拱 6 铺作单抄双下昂重拱造，补间铺作用两朵，工艺制作极工整，斗拱的形式和尺寸比例与宋《营造法式》的规定极其相似。梁架横断面进深 8 架椽，明间和两次间前后用 4 柱，以两根 4 椽栿相对搭在内柱头上，其上罩瓜柱、柁墩等分别叠架搭牵、五架梁和平梁，脊瓜柱两侧用叉手支戗。纵断面的结构，由于两次间和梢间采

用减柱法以扩大空间，便于人们观赏壁画，因此在山柱与内柱之间用长跨度的丁栿来支承山面的屋架。前槽和神龛部分设藻井6口，其余部分均遮以天花板。此外，明间阑额彩画是在木材上镂刻而成的，玲珑剔透。殿内斗拱、梁额和拱眼壁上还保存有大量的建筑彩画，富丽堂皇。

三清殿的屋脊镶有黄、绿、蓝三彩琉璃。两只高达3米的大龙吻，红泥胎，孔雀蓝釉，整体为一条盘绕回旋的巨龙，并配以龙王、雨师、流云等雕饰题材，给明代以后龙吻形式的发展开了先河。正脊使用堆起的捏塑花纹，有龙、凤、宝珠、牡丹、莲、菊等图案，垂脊上还点缀了海马、牙鱼、狮子等。四檐各角有一瞠目张望、威猛庄严的角神。这些琉璃脊饰，胎质轻，火度高，玻化程度强，釉色鲜艳，反映了元代山西陶瓷工业的发达。

纯阳殿，又称混成殿，因供奉道教祖师吕洞宾，故又俗称吕祖殿。其地位仅次于三清殿，前有月台，中间以甬路与三清殿相连。面阔5间，进深3间8椽。殿的平面布置很特别，为了扩大前部活动范围，进深由前到后逐渐减小，这在中国古建史上是很少见的。殿内东、西、北三壁画吕洞宾故事组画52幅，是研究宋元社会生活的宝贵资料。柱的位置也是采用减柱法，殿内仅用明间4金柱，空间较大。斗拱6铺作单抄双下昂重拱造，明间柱头铺作自第一昂以上均加宽，后尾用菊花头和六分头，并绘出上昂的形状，对于明清斗拱细部的演变有深远影响。殿内只有一个神坛用以供奉吕洞宾，可惜已被破坏。神坛上有一精美的藻井，其他则为有丰富图案的天花板。藻井顶板上所画网目纹，色调鲜明，线条流畅，系当时彩画精品。纯阳殿和三清殿比较，不仅体积较小，而且雕花琉璃脊和龙形鸱尾等也没有了。

重阳殿，又名袭明殿，是供奉全真教创始人王喆（重阳）和他的6个弟子的，所以又称七真殿。此殿是永乐宫现存4座元代殿宇中规模最小的一个。面阔5间，进深4间6椽，单檐歇山顶。装饰上不但没有了琉璃瓦屋脊，而且连室内的藻井与天花也省去了。平面布置上亦采取了减柱法，减去了前檐明间2金柱，后檐砌扇面墙3间，使前面有较

永乐宫龙虎殿斗拱

大空间，可供人们活动，东西山和后檐有宽大的墙面，画王重阳传记组画 49 幅。殿内原有王重阳及其 6 个弟子的塑像今已被毁。梁架结构简洁，处理手法灵活，用料比较经济。屋顶用瓦条垒脊，正脊两端随脊槫的举势做成圆弧的生起，轮廓十分秀美。

二、永乐宫的彩画

永乐宫的彩画由于完全是绘制于建筑物上的，所以与建筑密不可分，浑然一体，是其建筑艺术的综合体现。这也是中国古建筑的一大传

统。后世称其为建筑彩画就是这个道理。

永乐宫由宫门至重阳殿 5 座建筑，都保存有彩画。其中元代彩画主要保存在三清殿、纯阳殿、重阳殿 3 座主要建筑物上，而又以三清殿的彩画最为精致。三清殿内的彩画丰富多彩，满布斗拱、梁枋之间，制作极为精致华丽。其中最引人注目的是西次间 4 椽栿上的图案，以写生花作为主要的题材，在枋心的部位上如宋《营造法式》豹脚合晕的做法，似苏式彩画中的包袱，在包袱的轮廓中，绘上一条大的盘龙，下面用宝相花作为点缀，在包袱与藻头之间绘上白色的凤凰，地子衬托着线条有力的写生花，笔法豪放，形象生动，是一组美丽的大画面。画面上用青绿叠晕为外缘的轮廓线，内绘五彩花纹，用红地衬托，类似宋《营造法式》五彩遍装的画法。其他的 4 椽栿，全是写生花和集锦作为衬托，颜色鲜艳，层次分明，手法古朴，画面典型。东西丁栿的彩

永乐宫纯阳殿

画，已形成了藻头和枋心的布局，在藻头间以如意头、旋花基本纹样组成，联系紧密，相互交错，构成藻头的画面。在枋心中绘出两条大的行龙，笔法强劲有力，再衬托在莲荷花和牡丹花之间，富有飘逸之美。殿内内槽斗拱的散斗、交互斗、华拱、慢拱、令拱上也绘满了丰富多彩的图案花纹。彩画的形式，以如意头和旋花、莲花、凤垂瓣为主。在栌斗、散斗间多绘集锦、兽面、莲瓣。这些彩画的构图和布局，用不同的处理手法，变化多样，虽有百余朵斗拱，却找不到类似的纹样。殿内的内槽阑额，用雕塑和彩画相结合的方法，以泥塑的立体行龙与彩画相搭配，两端画锦，稍里为旋花组成的藻头，枋心中塑出一个大的行龙和牡丹花，在龙的下面熟锦地，远远看去行龙在爽朗的画面里栩栩如生。殿内的拱眼壁画龙也很多，与洪洞县广胜寺明应王殿元代彩画近似。

纯阳殿的内檐彩画保留元代的作品比较完整。其中最为精彩的是4椽栿上的两幅大彩画。两幅画以写生花为主，藻头的部分用两个大的如意头，两侧用云纹相连形成外部图案的轮廓线，在枋心部分做出8个如意头合成枋心的轮廓线，绘写生花、宝相花和石榴花等，构图极为精巧、美丽。枋心和藻头中间，绘写生花、宝相花和海石榴花，用笔流畅刚劲，线条有力飘逸，花枝活泼多姿，可称永乐宫彩画中的精品。

纯阳殿丁栿的彩画甚有特色。在栿中心似苏式彩画中的椭圆形大包袱，藻头部分填满了写生花，在西面的丁栿上，在包袱和藻头间绘有卷草和鱼尾带翅的化生及带翅的飞龙，充满生气。殿内斗拱用青绿叠晕做法，各拱均用绿地加黑边。拱眼壁的彩画以花卉和龙为主要题材，金龙盘旋在花叶之间，形态优美，线条流畅，色彩典雅。这黑地金龙、绿色退晕增加了殿内的美丽效果。

重阳殿经清代重修，元代彩画仅存4椽栿上的1幅，无甚代表性。

综括永乐宫的建筑彩画，十分精美，实属精品。其绘制手法，以三清殿为例，内檐彩画，不做油灰地仗，采用勾填法，先以墨线勾勒图案轮廓，然后填染颜色。阑额彩画，采用泥塑与绘画相

结合的做法，找头画旋花，枋心画锦地，再将泥塑的行龙和牡丹花钉在阑额的画面上。拱眼壁画流云，泥塑金龙。色彩以青绿色为主调，兼施金、红两色，大体上属于碾玉杂间装做法。它一方面继承了宋代建筑彩画的传统工艺，另一方面出现了若干变体和创新。其中以青绿色调为主的彩画到明、清时期成了官式彩画的主流①。

永乐宫内还有960平方米的壁画和大量碑刻，亦为其增色不少。其中三清宫殿壁画《朝元图》是现存规模最宏伟、题材最丰富的元代壁画。据史书记载，此壁画画的是360个值日神像。但实际不到360个，只有300个，每个人物有3米高。整个壁画给人以笔法生动流利，人物丰富匀称，排列巧妙宏大的感觉。特别值得称道的是，这么多的人物及其服饰用具，均无雷同之处。表现在画面上的帝、后、侍女、差役、官僚、道士、武士等人物所穿的衣帽，有平天冠、凤冠、束发冠、道士冠、凤帽、便帽、丞相帽、纱巾及甲胄、短打、朝服等。所配武器也有剑、枪、护手钩等多种。其技法，可说达到了很高水平。人物的姿态各异，线条又很多，但都利落清楚，丝毫不乱。如长长的衣袖，飘然的舞带，绣花的硬领及人物的肌肉等，画得一丝不苟，结构严整，线条流畅飘逸。

另外，纯阳殿里也有52幅有关吕洞宾生平的连环故事画。每幅画配有文字说明，真实生动地表现了13世纪中期我国人民的生活起居、服饰风俗、人物形象及各种建筑形式。画的故事内容是由吕洞宾降生起一直到他赶考、得道、离家、超度凡人、为善世间、游戏红尘为止。虽不免有些荒诞，但其中反映出的人民生活等却是真实的。从一般平民日常生活如煮饭、吃茶、谈天、梳妆、生子等，到宫廷生活如宫门的礼拜、官吏的朝见、鸣锣开道，乃至学塾中的读书情况、僧人做法事等都应有尽有。人物有老人、士人、妇女、儿童、和尚、道士、皇族、官僚、宫女、差役……，建筑有民宅、官衙、寺院、皇宫、园林、厨房等，极其丰

① 参见《中国大百科全书·建筑卷》。

芮城永乐宫朝元图

《朝元图》是元代壁画，泰定三年（1325）由马君祥等人绘制而成，描绘了诸神朝拜元始天尊的故事，以8个帝后主像为中心，周围有金童、玉女、星宿、力士等，场面开阔，气势恢宏。这些壁画为我国古代壁画中的经典佳作。

富多彩，是研究中国宋、金、元时代建筑式样和人民生活的极为宝贵的资料。

纯阳殿里还发现了“时大元至正十八岁次戊戌季秋重阳日，彩画工毕”的题记，可知此壁画作于1358年。加之三清殿壁画题记“泰定二年六月工毕”字样，可知这些壁画与彩画是作于元代无疑。

永乐宫不愧是元代道教的典型建筑，在建筑结构和建筑艺术方面均取得了突出成就。概括起来有如下几点。

第一，总体平面布局是根据宗教建筑的功能与要求而设计的。如把几座主要殿宇安排在一条轴线上，每座殿堂都筑有高大的台基，以一条

永乐宫钟吕传道图

芮城永乐宫藻井

笔直的甬道连成一气，周围则布以参天古柏，颇有“道院森森、殿阁巍巍”的肃穆气氛。每座殿宇的平面布置，则又根据具体情况采用了多样化的减柱造法，以扩大殿内的活动范围，反映了当时匠师们高超的设计思想和水平。

第二，在处理建筑结构方面有着丰富的施工经验。如加粗角柱直径，加深角柱的基础，四角广泛使用抹角栿承托角梁后尾及转角斗拱采用连拱交隐的做法等，从多方面设法加强了建筑物四角的刚度。各殿俱用碎砖瓦、黄土夯筑基础，对于抗压和防震有较大的优越性。

第三，台基、柱子和墙壁都有显著的“侧脚”与“收分”及角柱和脊槫等都做出生起，这些措施在当时的技术条件下，有效地稳定了建筑物的重心，以防止倾斜，而且在外观上也增加了建筑物的安定感。但有的地方檐柱侧脚比例过大，出现了矫枉过正的偏向。

第四，永乐宫4座元代殿宇虽属于殿阁类建筑，但其大木构件却采用了厅堂一类的用材标准。如柱、额、斗拱等用五等材或六等材，比例显得瘦弱一些。特别是斗拱的用材有逐渐变小的趋势，斗拱在结构上的作用也已开始退化，变成了半装饰品，这些技术因素对于当时建筑结构的发展变化是有着相当深远的影响的。梁架结构方面出现的某些新兴方法，虽还不够成熟，但也在中国建筑史上留下了光辉的一页。

第五，大批的建筑彩画和壁画，极大地提高了永乐宫的美学欣赏价值，并且对后世产生了明显影响。

1959年，因原址修水库，永乐宫按原样将全部建筑与壁画迁至芮城县北3千米龙泉村东侧。现为全国重点文物保护单位。

第三节
永安寺及其他寺塔宫观

>>>

元代在全国各地修建了不少寺塔、宫观，特别是在四川、河南、陕西韩城等地也存有不少这样的实物。如四川阆中市的永安寺、浙江金华的天宁寺正殿、河南济源市的大明寺中佛殿、陕西韩城市的普照寺和紫云观三清殿、福建晋江市的六胜塔等。这些建筑处于祖国不同地区，风格同中有异，共同体现了元代的建筑艺术与成就。特别是像四川那样的潮湿多雨地区，能保留下如此古老的建筑，弥足珍贵。

一、四川阆中永安寺

永安寺地处四川省阆中市，现有山门、前殿、大殿、东西禅房和东西两廊等建筑。关于其建筑年代，现据寺内数通明清碑记可略窥端倪。其中明嘉靖二十七年（1548）《重修敕赐本觉院记》说：

> 本觉院地去阆东六十里许，先宋僧处林之所创建者也，宋英宗治平四年奉敕褒修，元文宗至顺二年式廓增大殿……我朝洪武敕僧姓李讳永用号君贤者尝补葺之……嘉靖丁丑岁，僧号宝峰者夙夜惶惶，思为此惧，乃敬捐衣钵募工匠，土木金石次第毕举，楼阁廊宇，门殿台砌，焕然而更新之……

这是对永安寺修建史最早和最详细的记载。说明此寺最早建于宋代，历元明多次修葺。其具体修建情况，据陶鸣宽、江学礼诸先生实地考察，认为现在的山门、配殿、禅房及东西两廊均为近代建筑，只大殿尚保存部分元代原建[①]。因为在大殿西山面 4 椽栿上墨书有“大元至顺

① 参见陶鸣宽、江学礼等《四川阆中永安寺元代大殿及其壁画塑像》，《文物参考资料》1955 年，第 12 期。

四年太岁癸酉九月壬辰朔二十八日乙未当院至盟比丘宝传专管修造小师悟一同师第□□□□□□囊资□改鼎新创”题记一行。统观永安寺所存的碑记、题字及建筑本身等，可看出现存大殿虽经明、清两代多次修葺，但前槽还基本上保留了元代建筑状况，同时可知永安寺最早叫本觉院，其规模也比现在要大得多。

永安寺元代大殿面阔3间，宽15.15米，进深4间，长17.2米，接近于正方形。殿顶为单檐歇山式，盖平瓦，正脊上安绿色琉璃大吻，并饰狮虎等物，垂脊也有人、兽等饰物，正中还安刹顶一座。殿内不用天花、梁架结构，斗拱均为5铺作双下昂。

殿内中部砌石台1座，台上有佛像3尊。靠两山的墙下，各砌一长条形石台，台上有十地菩萨塑像。两次间窗下各砌长方形的石台1座，台上各有6臂菩萨一尊。紧接大佛的背后砌长方形低石台1座，台上有接引佛一尊。两壁上均彩绘有天龙八部。其中东山面壁画上有元至正戊子题记两则，西山面壁画上有至正戊子题记一则。西面题记为：“当院住山修造比丘宝传，小师悟真、悟理，师孙永用、永宝、永坚、永和……以功德庄严，放孜乞智惠方便，粤自癸酉之秋季，欲修大殿，以兴工，供启愿诚，用求加护，创业未半而上足迁化，营修以备而庆贺当陈，内外土木之作已周，壕庄彩画之功俱毕……至正戊子□□□□□□□□□□。”由此可见这些塑像与壁画均为元代的作品无疑。同时表明它比大殿本身的建筑晚16年。另外，壁画上的题记与4椽栿上的题字也是吻合的。证明大殿的兴建年代是元至顺四年（1333）。

二、浙江金华天宁寺正殿

天宁寺地处浙江金华城南，面对金华江。关于其建寺年代及发展历史，据清康熙年间《金华府志》及清光绪年间《金华县志》《浙江通志》等史书记载，天宁寺旧名大藏院，宋大中祥符年间（1008—1016）建，徽宗崇宁年间（1102—1106）改称崇宁万寿寺，政和年间（1111—1117）更名天宁寺。宋高宗绍兴八年（1138）因崇奉其父徽宗（赵佶）

赐名报恩广寺，又改报恩光孝。元仁宗延祐年间（1314—1320）重建。正殿就是此时所建。明英宗正统年间（1436—1449）进行过维修，复名天宁万寿寺。寺中原有石浮屠今已不见。正殿后有大悲阁，系清乾隆四年（1739）知县伍某改建。

天宁寺历经千年风雨剥蚀及人为更动，今已面目全非。全部建筑除木构架外，均经后代装修改换。其中天王殿和大悲阁已是清代建筑物，只有正殿主要建筑还是元代遗物，可以看出元代木结构建筑的风格。这一结论可从正殿梁架下的大量题记得到证实。正殿东首3椽栿下有“大元延祐五年岁在戊午六月庚申吉旦重建恭祝”的题记，与史籍记载吻合，说明此殿建于元仁宗延祐五年（1318）。另在西首下有“今上皇帝圣躬万万岁福及文武官僚六军百姓者”的题记，东首乳栿下有“将仕郎管领阿速木投下□□□助缘中统钞伍拾定所翼禄秩高迁宅门光大”的题记等。这些都充分说明正殿建于元代无疑。这些题记都采用双钩填墨法，亦为元代纪年刻写的通行方式。

天宁寺正殿现面阔5间，约15米，进深5间，亦约15米。但从其柱的排列及其他结构考察，原面阔应为3间，进深也是3间，现在的东西梢间及南北前后两间是后来增加的。原面阔与进深以3间计，长宽均为12.8米，恰好是一正方形，与宋元时期的小型佛殿建筑方法相符。其中当心间面阔6.1米，次间2.35米，比例均为2∶1。这种当心间特大的方法，与附近宣平延福寺元泰定帝泰定三年（1326）所建的正殿相同。进深间由南往北第一间深4.66米，第二间深4.86米，第三间深3.18米，其比例约为1.5∶1.5∶1。

正殿外观为重檐歇山顶，两际挑出甚深，外施搏风板，柱与柱础周围檐柱用方形石柱，四角刻海棠曲线，柱础形制中部略大。殿内全部使用木柱，柱身上端，皆具卷杀。上檐阑额又高又窄，无普柏枋，高0.48米，厚0.18米。这种仅用阑额的办法，与江南其他古建如已毁的宋代吴县（今苏州市吴中区和相城区）用直保圣寺正殿，元代宣平延福寺正殿等相似，系沿用唐代旧法。斗拱用补间铺作，正面当心间用3朵，次间用1朵，背面数目相同。山面由南向北第一间2朵，第二间2朵，第三间 1 朵。当心间补间铺作依照营造法式规定应用 2 朵，而正殿已开始用 3 朵，当为解决当心间特大的一种办法。这种办法在元代已普遍流行。

天宁寺正殿在目前江南已发现的元代木结构建筑中，是比较古老的一种。除宋孝宗二年（1175）所建苏州玄妙观三清殿外，较元仁宗延祐七年（1320）建上海真如寺正殿、元泰定帝泰定三年（1326）建宣平延福寺正殿等都早，所以在研究中国古代建筑史时值得重视。

三、河南济源大明寺中佛殿

大明寺地处河南省济源市东南 6 千米的轵城镇。关于其建造年代，史书记载甚略，现仅从寺内所留的一些碑刻及其建筑手法与风格等，大致可以确定该寺初建于宋代，后世又屡加修葺。其中中佛殿应为元代遗物。如元泰定四年（1327）的《大元怀庆路济源县轵城大明院住持天真慈觉大师恩公勤德之碑》言："怀庆路济源县（今济源市，下同）轵城大明院者，作于前代，而铭志莫考，既罹兵烬，倒为丘墟。"明万历四十三年（1615）《怀庆府济源县轵城镇大明寺重建后佛殿碑记》中说"济源县南十里许，有巨镇曰轵城……中有一寺曰大明禅院，创于大宋……前后两大佛殿，基址阔大，材木峻伟。左有伽蓝殿三间，阎君殿五间，方丈十余间。"这些碑刻记载，说明大明寺初建于宋代，但由于屡经兵火，已"倒为丘墟"，到了明代修建后佛殿时已有不少建筑，想必这不少建筑应是元代重修的。大明寺现存主体建筑，依次有山门、前佛殿、中佛殿、后佛殿、左右配殿等。其中中佛殿根据其采用元代常用的减柱造等建筑手法，可确定为元代建筑。

中佛殿位于全寺的中部，坐北朝南，面阔 3 间，11.56 米，进深 3 间，10.27 米，单檐歇山顶。台基全部用青砖砌成，平面随殿身呈长方形，东西长 14.05 米，南北宽 12.67 米。前附有月台。所有檐柱上端微向内倾，有较显著的柱侧脚。各间的檐柱高度不等，有明显的柱生起。殿内金柱配置采用减柱法，减去前槽金柱，后槽用直径为 0.44 米的金柱两根。金柱用上下 2 短柱与斗拱相垒的结构方法。柱头式样为覆盆式。金柱间原砌有扇面墙一道，前置佛坛，坛上有塑像数尊，现已不存。柱头铺作系 5 铺作单抄单下昂重拱计心造。殿内为彻上露明造，梁枋构件较粗糙，梁均为草栿。殿顶坡度平缓，有较深的出际和出檐。从以上这些结构来看，该殿与河南温县慈胜寺大殿（元代建筑）的结构特点基本相似，所以可以确定此殿的建筑年代应为元代，并且为河南北部少见的元代单体木构建筑。

四、陕西韩城普照寺

普照寺位于陕西省韩城市境内。面阔 5 间，进深 6 椽，布甬瓦琉璃脊歇山顶。殿内有泥塑如来佛及阿难、伽叶等 5 尊，殿中置有佛坛，如来佛居中，又在坛上设立 8 边形的须弥座，座上有仰莲瓣 4 层，佛即盘坐其上。坛的前后各立颊柱数根，额枋刻如意并悬垂花柱。

普照寺的创建年代，史书及碑文记载较少，只有殿内西首 4 椽栿下有墨笔题字一行云："维大元国奉九路韩城……（以下数字模糊）"另外，通过寺殿的外形与结构等来观察，也可确定该寺是元代建筑无疑。

普照寺结构方面，斗拱柱头铺作，5 铺做出双昂，重拱计心造，内檐斗拱为 5 铺做出双抄，单拱计心造。转角铺作，于 45° 斜线上出角昂及由昂，但第二跳由昂的昂头上不用角神，仅置散斗一个，结构简洁适当。梁架及袢间，通檐 6 椽栿背和第二槫缝垂直相对的部位上坐斗与袢间枋相交，枋上施捧节令拱以承土平槫并与四椽栿尾相交。平梁上置合楷以立蜀柱，柱头与袢间枋相交，其上坐斗。6 椽栿下正对第一槫缝的部位各立金柱 1 根，柱头上安合楷用以支撑 6 椽。墙的建造，除山墙而外，前后檐亦用檐墙，墙身厚度达 1 米多，向上逐渐收分，所以檐柱亦施暗柱，仅微露柱头。前檐当心间开门，其余檐墙每间正中上部开有窗口，安有直棂格子窗。另外，该寺佛殿内部未见有藻井，其梁架多用彻上明造，仅于佛坛顶部支一层平棋。这与一般佛寺往往在殿中佛顶上设有藻井不同，这也是陕西省韩城市元代佛道建筑的一个特点。

五、陕西韩城紫云观三清殿

紫云观在陕西省韩城市县城西北约 1.5 千米许，是一座道教建筑。据韩城市县志记载，紫云观系元世祖至元七年（1270）修建，令史段秉昭曾有记述。观内现存主要建筑物仅有三清殿及老子殿。三清殿还是元代建筑遗物，其殿前东西各有配殿 3 间，据传是原来的阎王殿。其他建筑均经后世修葺改建，已非元代原貌。

紫云观三清殿为布甬瓦琉璃脊歇山顶，面阔 3 间，进深 4 椽，殿前有雨搭 3 间，进深 1 椽，与三清殿身相通，组成一个建筑整体。殿身建在一个高 1.28 米，用砖砌成的台基之上。雨搭前有月台，略低于台基，高 1.15 米。大殿柱头用 4 铺做出单抄，外檐无斗拱与补间铺作。栏额和普柏枋两际各出柱头，栏额出头部分均刻作菊花头，普柏枋高约 10 厘米，宽只 20 厘米，似为后世所修。

紫云观三清殿建筑与元代其他建筑相比，有一定特色。首先从立面角度看，殿宇用悬山顶。这种做法在元以前不多见，只是山西五台山佛光寺金天会十年（1132）重修的文殊配殿采用此法。到了元代，大批宗教建筑的主殿已多采用悬山顶。此种悬山顶的琉璃脊一般比较低矮，除脊的正中，每每饰以塔刹似的建筑模型，并且在两侧列有一对至两对奔驰状的马，其姿态与风格和元墓中出土的骑俑极为相似，造型生动活泼。柱身低矮粗壮，一般高不过 3 米，但直径却均在 0.4 米以上，这与清代檐柱的细高显然不同。柱头上大多横置一根用原木稍作加工的粗大笨重的柱额，柱头之间习用罩幕枋代替栏额。另外习用减柱法，无内柱者，一般外檐柱减去平柱若干根。其次从平面角度看，通面阔与进深一般接近 2:1，当心间和次、梢间面阔大致相等。因面阔一般较小，所以前后檐间习惯用减柱法和移柱法，使柱头脱离了斗拱和梁头，借以增大面阔和柱与柱的间隔。再次，其斗拱形式简洁，一般不用补间铺作。外檐斗拱一般只出一跳至两跳，后檐斗拱常比前檐减少一跳，斗拱的总高约为柱高的三分之一。另外，梁架结构简单，多用彻上明造，平梁以下，4 椽或 6 椽栿多用粗大的原木，总体风格与南宋的华丽繁缛比，趋向于简洁实用。

六、福建晋江六胜塔

塔和佛寺、石窟寺等同属于佛教建筑，是随着佛教传入我国之后才产生的一种新建筑类型。据文献记载，佛教是在西汉末年传入我国的，东汉永平十年（67）就在当时的首都洛阳创建了白马寺。其作用主要是礼佛念经。后随着佛教结合我国具体情况的发展变化，塔的作用也有了变化，逐渐地不再成为一个寺中礼佛念经的主要场所了，而从唐代开始逐渐中国化，寺院的布局形式走向故有的宫殿、王府、宅第那种多重院落组合的平面布局，塔退出了寺的中心而建于寺的后部或旁边去了。现存古塔，原来有许多同时修建有佛寺，但佛寺已不存，有的塔已经成为一个单独的建筑物了。同时，塔也有了多种功能，有的建在边关，发挥了瞭敌侦察的作用；有的更是作为装点江山、指示梁津、标明大道、美化园林而存在。

元朝时期，由于佛教的一支——藏传佛教受到特别的尊崇与提倡，所以佛塔之一的藏传佛塔特别兴盛。但传统的、兼有多种功能的佛塔仍然在建造，如建在福建省晋江市东南海滨的金钗山上的六胜塔，就兼有航标灯的作用。

六胜塔，因其所建地名又称石湖，所以又俗称为石湖塔。初建于宋徽宗政和年间（1111—1117）。现存石塔则为元代所重建。其塔门处石碑的铭刻有“万寿塔……至元二年丙子腊月□日建筑”等字样，所以完全可以推断六胜塔的重修年代是元顺帝至元二年，即1336年。佛塔全用石材砌筑，而立面造型，则完全模仿了木楼阁的佛塔形式。塔的平面为正八边形，每边长近6米，周回带有檐廊。佛塔上下，共分5檐，总高为31米。塔身的四个正向的壁面辟门，其余的四个壁面设龛、供佛。其建筑风格和设计手法基本上继承了宋代的传统手法。

六胜塔周围还有几座佛塔，它同其他矗立在河畔、海滨的佛塔一样，除了它的宗教作用外，在古代还充分发挥了它作为夜间指示商船航行的实际作用。因此，在六胜塔的檐角上，还挑出铁钩，是为当时挂吊灯笼所用的。

六胜塔处于海滨的峰峦叠嶂间，近可以俯视海面上来往穿梭的舟船，远可以眺望岛屿与群山，与其对面的关锁塔（姑嫂塔）遥相对望，组成了一幅江南水乡的美好景色，是一处绝好的旅游景点。

第四节

北岳庙及其他庙宇

>>>

庙宇是我国古代的一种祭祀建筑。它的结构风格要求严肃整齐，大致可分为三大类。第一类是祭祀山川、神灵的庙。中国从古代起就有崇拜天、地、山、川等自然物的习俗，并把它们当作神灵。这应该是原始宗教多神崇拜的产物，后世还设立庙宇给予祭祀。最著名者如奉祀五岳——东岳泰山、西岳华山、南岳衡山、北岳恒山、中岳嵩山的神庙，其中泰山的岱庙最大，元代所建北岳庙也颇宏大壮观。另外，还有大量源于各种宗教和民间习俗的祭祀建筑，如城隍庙、土地庙、龙王庙、财神庙等。第二类是祭祀祖先的庙。该类又有古代帝王诸侯和贵族、显宦、世家大族奉祀祖先所建的不同类型庙宇。前者称宗庙，后者称家庙或宗祠。宗庙里帝王所建称太庙，等级最高，习惯用庑殿顶。元大都皇城里就有这样的太庙。另外，还有地方、民间建立的祭祀古代帝王的庙宇，如元代陕西韩城的三圣庙和河南博爱县的汤帝殿等。第三类是奉祀圣贤的庙。其中又有文庙、武庙之分。文庙以奉祀孔子的孔庙最为著名，武庙以奉祀关帝（三国名将关羽）的关帝庙最为著名。元代今陕西省韩城市建的关帝庙规模较大。另外，许多地方还奉祀名臣、先贤、义士、节烈，如四川成都和河南南阳的诸葛武侯祠等。

泰山岱庙

一、北岳庙

北岳庙在河北省曲阳县城西南部，是从汉代至清初千余年间历代帝王祭祀北岳恒山的地方。汉代至北魏时已修建，后经宋、元两代扩建和重建，至明代中叶臻于完善。其中主殿德宁殿重建于元世祖至元七年（1270），为现存最大的元代木结构建筑。

北岳庙分前后两院，并有内外两重围墙。主要建筑置于中轴线上，无东西配殿。其前院仅存明代所建八角三檐式的御香亭（敬一亭）1座。后院建筑由南向北有凌霄门（3间）、三山门（3间）、飞石殿、德宁殿。德宁殿为庑殿顶，殿身正面7间，进深4间，环以副阶。正面5

北岳庙碑廊

间设隔扇门，2 间设槛窗。后檐明间设板门，其余各间砌檐墙。大殿平面柱网布置，外槽前部扩大，增加了殿内参拜活动的使用面积。殿身柱头用 6 铺作单抄重昂，副阶柱头为 5 铺作重昂，均为假昂，补间铺作的上层昂用真昂。整个大殿建在一个 3 米高的砖台基上，前有宽 5 间的大月台，四周配以汉白玉石的栏杆，雕狮望柱，十分庄重宏伟。

德宁殿内还有许多珍贵的壁画，如东西檐墙里壁绘满元代道教题材的巨幅《天宫图》。壁画平均高 7.7 米，长 17.6 米，其中又以飞天神最为精彩。另外，殿内还有北齐以及唐、宋、元、明、清各代碑碣 135 块，其中又以元代大书法家赵孟頫书写的碑文艺术价值最高。

北岳庙现为全国重点文物保护单位。

二、河南博爱汤帝殿

汤帝殿地处河南省博爱县境内。坐北朝南，面阔 3 间 10.4 米，进深 3 间 9.1 米，单檐歇山顶。关于此殿的建筑，文献资料记载很少，碑刻也不多，只能从现存的一块碑刻中了解梗概。现存这块碑刻为清康熙三十六年（1697）《重修碑记》。其中说："怀之东二十里有村名曰东王贺，北半里许有庙在焉，即汤圣帝神也，庙……不知创自何代，并无碑记，止存明季正德年间重修石碣，亦未显始末根由，据前辈相传，此庙建自鞑王时……"碑中所述"鞑王"，可能是当时汉族对蒙古族统治者的称呼，蒙古族入主中原为元代，所以"建自鞑王时"，也就是指建于元代。另外从该殿的建筑特点来看，也可确定其建于元代。

汤帝殿在结构方面，所有檐柱上端微向内倾，有侧脚，各间檐柱高度不等，有明显的"柱生起"。殿内金柱采用减柱造法，减去后槽金柱。前槽金柱被包裹于墙内，从上部所露部分看，为半面小八角石柱。副阶檐柱，中间两根为小八角形石柱，直径30厘米，柱础为素覆盆式。殿墙厚度不一，前墙厚0.75米，后墙厚0.9米，后墙根下部有明显的叠涩内收现象，形成下宽上窄的墙基。后檐柱头铺作为4铺作单下昂单计心造，昂头为琴面昂，昂下刻出华头子。前檐柱头铺作外跳同后檐，里跳为昂尾伸出砍成楷头直接承托乳栿。后檐无补间铺作，前檐补间铺作当心间施两朵，两次间各施一朵。殿内外彻上露明造，梁架结构为6架椽屋。平梁上用蜀柱、叉手、斗拱承托脊槫，蜀柱下用合楷以资稳固，平梁上有托脚与搭牵相连。4椽栿的一端插入金柱内，另一端搭在后檐柱头铺作上。两山面梁架结构为：平梁上立蜀柱，上置斗拱承托脊槫，4椽栿的两端各伸至下平槫下与垂柱相交以承托下平槫。在山墙和前后檐的拱眼壁间皆以壁画填充，但此壁画为后代所绘。整个殿顶坡度平缓，有较深出檐，顶上有不少瓦兽件，大多为后代更换。

汤帝殿与同在河南的元代大明寺中佛殿结构特点基本相似。所不同处是该殿用小八角形和半面小八角形石柱，柱中排列中减去后槽金柱，这只是建筑手法上的一些差异，二者均为元代建筑。

三、陕西韩城九郎庙

九郎庙在陕西省韩城市境内。今存大殿一座，琉璃瓦单檐歇山顶，面阔5间，进深6架椽，斗拱用五铺作双下昂。其中当心间面阔3.8

韩城九郎庙

米，次间面阔 3.2 米，梢间宽为 2.9 米，通面宽 16 米，通进深约 9 米。殿内前、后金柱两排，各 4 根。檐柱平均高为 4.5 米，柱径约为柱高十分之一，有明显的侧脚生起。外檐柱头和前、后金柱的柱头施以阑额和普柏枋。柱头铺作为五铺作重拱，出双下昂。殿内梁架为彻上露明造。

关于此庙的建造年代，由于史料比较丰富，可以确定为元代建筑。如《韩城县续志》卷四侯鸣珂重修奕应侯神记：“韩邑向有奕应侯庙，俗呼九郎神，相传为晋赵文子，自元时崇祀……”又《陕西通志》卷二十九也记有：“韩山奕应侯公孙杵臼程婴三庙俱在堡安村，韩侯庙在县西北里许，春秋祭祀。”今庙内大殿东面山墙犹存元至大元年（1308）岁次戊申重九日凤翔府儒学教授稷亭段彝撰书的“重修韩奕应侯行祀

记”碑石一块，据此碑记载：“夫奕应侯者宋元丰始显其号……其神宇狭隘礼奠不足以妥□（神）鸠其众前构殿三架四□来□完调□□经历新尹刘征仕意常笃焉……一日议于同僚曰择干能者济其事……至大戊申暮春遂前续命陶□度□木砖甓之数量重轻平赋民□而忘其劳因殿后东西旷基建屋共六楹二楠……”据这些碑文和史书记载，九郎庙当是韩山奕应侯赵文子的行祠，是殿内“重修韩奕应侯行祀记”碑文所载的元至大戊申（1308）建筑的6楹大殿。同时，从九郎庙大殿的外观、斗拱形制、梁架结构手法等来看，也符合一般元代建筑的风格特征，与其前或其后明、清的建筑相比，有较大差异。

四、陕西韩城关帝庙

陕西韩城关帝庙地处陕西省韩城市孝义村。其建造年代史书记载比较明确，创建于元大德七年（1303）。如庙内所存的清顺治十二年岁次乙未（1655）重修关帝行宫兼□文昌大帝神祀碑记和乾隆二十八年岁次癸未（1763）十月重修关帝正殿及乐楼并铸造铁狮序等碑刻上等，都记载该庙建于元大德七年（1303）。但今庙内建筑，唯有正殿和前檐部分为元代遗物，其他已经后世重修。

正殿为琉璃脊悬山顶，面阔3间，进深4椽。由于面阔只有3间，所以外檐用4柱，将5柱的位置各向左右次间移出约有0.65米，当心间和次间的面阔本来相等，各为3.18米，经5柱移动位置后，当心间柱与柱的面阔就加大到4.48米，而次间面阔就相对地缩小到2.53米。

前檐共用斗拱4攒，其位置都在4椽栿尾下。前檐平柱高2.94米，柱径0.42米，尤其值得注意的是，东首的前檐角柱是梭柱造，形同一个直立的橄榄，柱身上、下如拱券杀渐收，因而两头逐渐细小，柱顶的直径小于柱身中径0.16米，柱的底径亦小于柱身中径0.12米，这种情况是比较少见的。另外，柱头间不用栏额，但在栏额的部位上施罩幕枋。

五、陕西韩城三圣庙

陕西韩城三圣庙地处陕西省韩城市薛村。据庙内所存清嘉庆二十四年岁次乙卯（1819）撰刻的重修庙工碑记载：

……庙创自至元十年中，祀……关帝飨以献庭，侑以戏楼，历明及清重修再四……然岁月递迁，风雨飘零，墙木不无倾腐，神像多有剥落，社之父老相顾恻然，虑其食脐，谋以豫立。……由是迁建厨房，先为聚土，既而卜辰诹日，增高庙基，补砌池岸；坠者举，废者修，弊者换，缺者补，两池白杨多供庀材之用。……庙庭既成，钟鼓之楼渐起，厨院前房，借旧台之木渐起，改隅立小门重建于中，创渐成之戏楼，移建于南。平铺月台，门以内廊如也，对建碑门房以外翼如也。工至此，顾而乐，犹未已也。

这段记载对该庙的创建年代及其重修与规模作了明确的介绍，指出其创建于元至元十年（1273）。正殿当心间两端4椽栿下的墨笔题字，更对该庙的创建与重修作了详细的说明："元至元十年岁次癸酉三月本村前社创建，至明永乐二十一年岁次癸卯四月重修，嘉靖六年岁次丁亥九月重修，至嘉庆二十一年岁次丁丑十一月重修，至二十四年己卯三月告竣。"这与碑记记载又完全吻合，说明该庙创建于元代。

今三圣庙主要建筑有戏楼、正殿和献庭一座。戏楼为清代建筑，正殿经明清多次修缮，唯有献庭完好保存了元代建筑样式，值得重视。

献庭为布甬瓦琉璃脊悬山顶，面阔5间，进深4椽，当心间与次间各阔2.75米，梢间反而大于明、次间，通面阔13.8米，进深共7.2米。前后檐各减去当心间左右两根平柱，将次间平柱各向外移置约1米，使其总体布置匀称。前檐斗拱为五铺做出双昂，重拱计心造，内檐为五铺做出双抄，重拱计心造。后檐斗拱则为四铺做出单昂，内檐为四铺做出单抄。外檐斗拱，皆于令拱之上置替木以承撩檐槫。梁架和袢间，通檐四椽栿上置驼峰与平槫下的袢间枋相交，其上坐斗以承平梁，并与捧节令拱相交。外檐柱头栏额上施以幕枋。

三圣庙献庭是在陕西省保存比较完好的一座元代建筑，值得重视。

六、陕西韩城法王庙

陕西韩城法王庙在陕西省韩城市的西庄镇。关于其创建历史了无记

载，只是韩城县志约略记载说："……案神姓房名寅，以宋真宗梦中治疸显，敕封五岳法王，于槐柏相抱间营宇绘象以崇典礼，每岁清明，四方来祀者辐辏。县册明崇祯五年，黉生姚起凤等行实碑记。"① 根据此记载和建筑风格，何修龄先生认为该庙应是宋真宗年间所建，现存建筑仅献殿为元代建筑，其余正殿为晚清重建②。

献殿为琉璃瓦单檐悬山顶，面阔 5 间，进深 4 椽，斗拱四铺做出单昂。其特点是前后檐柱与柱间不用栏额，只两次、梢间施罩幕枋，柱头上用一条直径为 0.5 米的通长原木代替普柏枋，檐柱用减柱法，将次间明柱减去，将当心间两根平柱各移置在次间中。后檐在平柱的内侧另支八角石柱各一根，但这似是明代以后重修所加。补间不用斗拱，山墙厚重结实，角柱完全包藏在墙里，墙身向上逐渐收分。

① 见《韩城县志》卷七《方技篇·房寅传》。

② 参见何修龄《韩城县所见的元代建筑及其基本特征》，《文物》1964 年第 2 期。

第五章

>>>

藏传佛教建筑与伊斯兰教建筑

藏传佛教建筑与伊斯兰教建筑的空前繁荣，是元代建筑的一大特色。

第一节 藏传佛教建筑

>>>

藏传佛教是佛教在西藏流传发展的一个支派。元朝时，蒙古统治者大力提倡藏传佛教，封其首领为法王、帝师，把政权和宗教密切结合起来，使藏传佛教得到了很大的发展。如元世祖忽必烈于1260年在漠南即大汗位，建元中统后，就尊奉藏传佛教萨迦派的八思巴为国

居庸关云台

师，赐玉玺。国师统领的总制院，不仅负责处理全国的佛教事务，而且还直接管理藏族地区的军政、民政、财政等，权力很大。因此，相应地表现在建筑方面留下了不少藏传佛教风格的寺院等建筑物。如萨迦寺、夏鲁万户府、妙应寺白塔、居庸关云台等为其代表。

一、萨迦寺

萨迦寺地处今西藏自治区日喀则市西南的萨迦县境内，距日喀则约160千米。相传该地奔波山上的岩石，风化后成为灰色的土，所以，萨迦也因此而得名。

萨迦寺坐落在萨迦县奔波山麓的仲曲河两岸，并以仲曲河为界分为南北两寺，是藏传佛教萨迦派（俗称花教）的主寺。其中北寺位于仲曲河北岸奔波山前，始建于北宋熙宁六年（1073），为一组规模宏大的建筑群，20世纪70年代遭严重破坏，现基本无存。萨迦南寺在仲曲河南岸，始建于元世祖忽必烈至元五年（1268，南宋度宗咸淳四年），现主

萨迦南寺

要建筑基本保存完好。

萨迦南寺坐西面东，是一组十分巍峨壮丽的建筑群，平面呈正方形，面积达 14 700 平方米。四周修有坚固的城墙，城墙以红、黑、白三色间隔粉刷，这是花教的一个特点。城外有护城河，加一道矮墙。城堡东面开城门，是其唯一进出口，城门通道平面呈“T”形，利于防守。其他三面有城楼，四角有角楼（即碉楼）。远远望去，整座建筑均衡对称，十分壮观，这在西藏地区现存的建筑中是别具特色的。

萨迦南寺的主体建筑是大经堂，其坐西朝东，面阔 11 间，进深 5 间，面积达 5 700 多平方米，平面呈长方形，这与后来黄教寺院常使用的近方形平面的经堂不同。大经堂的建筑结构，内部梁架均为藏族传统的纵架木梁柱结构。主殿内有 40 根粗大的柱子，柱高约 10 米，柱身为原木稍加修砍，保留树干原有形态，断面硕大，其中有 4 根尤为粗巨，其周长达 3.9 米，直径达 1.3 米。据传此柱为元朝皇帝所赐。柱础雕有莲瓣，周长5.2米，直径1.66米。这是西藏早期寺院建筑中的粗犷手法。同时，像这样庞大的建筑材料，不仅在西藏建筑物中罕有，就是在全国范围内的古建筑中也是少见的。

大经堂为两层建筑，在大殿外走廊的左侧有一石梯可通向二楼。其南侧灵塔殿内有灵塔两座及贡噶宁波（1092—1158）的塑像等；北侧灵塔殿内有灵塔五座并供奉银铸莲花生佛像。二楼还有一间专门珍藏图书。

出大经堂大殿往右拐，亦有木梯与二楼相通。二楼的南面与西面为敞廊，南廊壁上有元、明时期绘制的关于萨迦派创始人萨迦和八思巴等形象的壁画；西廊壁上绘制有关于早期坛城的壁画。这些巨幅壁画画工精致，另由于都是用西藏特产的朱红、石绿等矿物颜料绘制，所以至今仍色彩艳丽。

萨迦南寺除大经堂外，还有两个主要殿堂。一座位于大经堂的北侧，面积达340平方米，内藏有历代法王的银皮灵塔11座，殿内墙上还绘有八思巴像等壁画。另一座殿堂面积400平方米。此外，寺内还有萨迦法王办公地及僧舍等建筑物。

萨迦南寺是八思巴委托夏迦桑布于1268年开始修建的。从修建之初就得到了元朝统治者的大力支持。据传连大殿柱子都是元世祖忽必烈所赐。这其中由于八思巴在元朝中央的崇高地位，起的作用最大。八思巴（1235—1280）是西藏历史上的一位著名人物，他曾被元世祖忽必烈封为国师，并以国师领总制院事，掌管全国佛教事务及西藏地区的军政事务。他还曾根据元世祖忽必烈的命令，仿照藏文字母创造了新蒙文（又称八思巴文）。八思巴的一生带动了祖国各民族间经济文化、科学技术的联系与交流。这一时期，内地的印刷术、造船术、建筑技术等先后传入西藏，藏族的塑像、造塔、工艺技术等也传入内地。这在萨迦寺和大都的妙应寺白塔等建筑方面也有体现。

萨迦南寺建成后，不但成为萨迦派进行宗教活动的重要场所，而且还收集了大批内地和西藏各地具有极高历史和艺术价值的文物。如元代的诰封、诏书、印章、经典、佛像、法器、供器、唐卡、瓷器、服饰、纸币等。中华人民共和国成立后，西藏文管会曾在萨迦寺征集到了元代八思巴文的诏书，元代纸币，元帝师、国师玉印，相传有的还是萨班（贡噶坚赞）和八思巴的遗物。这些文物有的在国内也是罕见的，由于萨迦寺地处海拔4 000余米，气候干燥，有利于长期保存。它们对研究西藏历史和祖国各民族关系史都是宝贵的资料。

萨迦寺内还有极为丰富的藏书。在萨迦南寺的大经堂内，除开门的东壁墙外，其他三面墙壁下，都有通壁的大经架，架上摆有抄写的甘珠尔、丹珠尔等经书，这些经书现在仍保存完好。其中有一部经书叫《甲龙马》，共有12夹，需8人合力才能抬起。另外在二楼的藏书室内，还珍藏着很多历史、医药、天文、历算、地理、文学、人物传记等图书。1979年，有关方面曾对此图书进行了整理，共有2 400多函。这些藏文图书是藏族人民宝贵的文化遗产和精神财富，它与建筑物一起，共同体现了萨迦寺深厚的文化内涵和历史艺术意蕴。

萨迦寺现得到了政府的妥善保护，被列为全国重点文物保护单位。

二、夏鲁寺

夏鲁寺是藏传佛教寺院，坐落在西藏日喀则市东南30千米处。据《界世系记》记载：夏鲁寺为界·西热穷所建。界氏家族原为香雄地区王裔，后事吐蕃，颇受赞普重用。界·西热穷生于12世纪，是一位知识渊博的佛学家。他发愿建寺，请来洛顿·多吉旺秋大师射箭定址，箭落在一片青苗地里。藏语谓“青苗”叫夏鲁，故所建寺庙名为夏鲁寺。元朝统一西藏后，界家族的扎巴坚赞任夏鲁万户长。他朝觐元朝皇帝时，受到仁宗帝的赞许，赐金册玉印，并布施财物，派遣工匠帮助他扩建夏鲁寺大殿。寺院扩建后，迎请久负盛名的布顿大师任住持，从此该寺香火缭绕，僧人云集，声名日隆。

夏鲁寺是一典型的藏汉建筑综合体，其中主要建筑是大殿——夏鲁拉康。另有扎仓（经学院）4座，即卡瓦扎仓、康青扎仓、热巴结扎仓及安宁扎仓。大殿坐西朝东，为一二层建筑。底层合为一体，构成了大经堂。其中有集会大殿，面积1 500平方米，供释迦牟尼和其八大弟子像。左右各有一经棠，供放甘珠尔和丹珠尔经。环绕大殿的是封闭性转经回廊，廊壁绘满壁画。这是典型的藏式建筑，结构布局等留有吐蕃遗风。

大殿二层是一汉式四合院建筑群，有正殿、配殿和前殿等，左右对称，轴线明确。殿堂均为琉璃歇山顶，飞檐翘角，檐下斗拱，式样古朴。琉璃瓦顶显然是中原内地汉族古建筑的惯用手法，而西藏寺院建筑如布达拉宫、扎什伦布寺等多用金顶装饰。屋脊琉璃面砖和瓦当上的图案多种多样，有飞天、仕女、狮虎及各种花卉，栩栩如生。

夏鲁寺的建筑结构类型，不仅可反映出其明显受到中原汉式结构的影响，而且可确定夏鲁寺为元代建筑。如大殿屋角采用45度斜拱和向平面中心微倾的角柱结构。在中国古建筑史上，45度斜拱最早出现于元代，所以，据此可以判定夏鲁寺大殿的年代不能早于元代。檐柱向平面中心倾斜，《营造法式》称之为“侧脚”，盛行于宋、元，明以后很少采用。二者连起来考虑，大殿建于元代可说确定无疑。再者，大殿正殿采用了减柱法。其长14米，宽7米的殿内只用了两根柱子，使得殿堂宽敞空旷。减柱法流行于宋、元，明、清已较少见，而西藏寺庙一般殿内柱子密集，显得有狭窄、压抑之感。另外，通过大殿屋顶的起坡、柱子的细长比、斗拱高度与柱子高度的比例等，也可确定其为汉式建筑，并建于元代。

大殿各室供有数量众多的佛像。以经堂后左殿为例，殿的后壁，中为藏名“乔欧累”立佛，两侧塑菩萨像，左侧略前塑三像，即释迦二，文殊一；北壁中为弥勒像，两侧各一释迦，西北隅仍是一释迦像，东北隅则是千手观音；南壁一塔龛，内供一菩萨装的“加累立”；东壁南侧，是一释迦像。四壁未绘壁画，墙上是影塑千佛。这种影塑千佛在其他寺院的殿中是比较少见的。这些造像的质料，有泥塑、木雕和包铜打制等多种，特别是木雕像较多。其造型优美生动，衣饰花纹极精致，就连体形庞大而雕刻复杂的背光及莲座、承台也雕刻得一丝不苟，十分生动有力。

夏鲁寺内还有不少壁画，是西藏各寺院壁画中时代较早、内容较丰富，且保存最完好的一处。可以说，藏汉结合式的建筑是夏鲁寺的特色，风格多样、精美无比的壁画则是它的灵魂。二者共同体现了藏汉建筑艺术的交流与融汇。大殿一层回廊的壁画均为边长 2 米，宽 1.5 米的长方形单幅故事画，每一长方形区域内表现了一个故事情节。这些壁画融汇了中原内地的悠久文明，中亚草原的游牧文化和南亚热带沃土上的思想意识。

二层前殿的壁画又与一层回廊壁画的表现形式不一，体现了其多样性。这里的壁画，场面宏大，人物众多，常用整堵墙壁来绘制一个完整的故事，而不是一个情节。如其中的“须摩提女请佛”壁画，绘制得生动精彩并有完整故事情节。这本是在印度广泛流传的故事，作者把它换了地方。须摩提女出嫁前住的是汉式阁楼，穿的是汉装，居住的是汉地。出嫁后住的是藏式平顶屋，外面是草场并有牦牛等牲畜，这显然也是藏区。须摩提女未来以前，壁画中的藏族地区还信奉用人头及羊头进行血祭的原始宗教，须摩提女到来以后，人们皈依了佛门。整幅画细致生动地刻画了牧羊人的穷困及乞丐的可怜；释迦牟尼说法的场面中，又描绘了一位母亲一边听法，一边哺喂怀中婴儿的情景。通过细节描绘来渲染气氛，表现主题，与中原内地汉族壁画有相通之处。另外，壁画中除了表现宗教的内容外，还有不少反映现实生活的作品。如有不少反映战争、祭祀、舞蹈、沐浴、交谈等生活场景。总体看，这方面的内容又占了多数。而壁画中的元代“玉壶春”瓶和细柄高足银碗又限定了此画不会早于元代，画中有明代很少采用的“柱生起”“侧脚”等《营造法式》的汉式建筑，说明此画不会晚于明代，从而界定了这些壁画为元代作品。这些珍贵壁画不仅具有极高的艺术价值，而且具有极高的历史价值。

大殿前院还有围廊，据研究者讲，可能是后加的。在进门的右侧廊内墙上，嵌有一排浅雕石版画，内容多为收割、磨粉、捣米、制陶、织布、砍树、捉鸭等劳动形象，但在每幅画面上也均刻有一二座佛像，有

夏鲁寺壁画　听法菩萨

数幅专刻释迦、弥勒诸佛像。这些浅雕雕刻的时间可能不同，从刀法上看，较早者刀法简练质朴、生动有力，较晚者则刀法繁缛琐细、柔弱少力。

夏鲁寺与萨迦寺一样，保存了不少珍贵文物。有法器、供器、贝叶经等，特别是8张八思巴文的文告弥足珍贵。这些文告是当年萨迦法王接受了元朝皇帝的敕书以后，转发西藏各地的命令或通知。这对研究西藏归入祖国版图及西藏与中央王朝之间关系的价值可想而知。

三、妙应寺白塔

妙应寺白塔是一座典型的藏传佛教形制的佛塔。

元朝由于藏传佛教占有特殊地位，所以修建了不少藏传佛教寺院与藏传佛塔。藏传佛塔在形象上颇像敦煌石窟中出现的一种早期佛塔，同古印度的窣堵坡比较接近。它在座址的选择、塔本身三部分的结构及选料方面很有特点，与中原地区流行的楼阁式塔有诸多不同。

元朝的藏传佛塔，往往建在高耸的座址上，有的建在山坡上，有的建在高台上，即使在都市中建筑，也往往将底座抬得很高。有的藏传佛塔还建在关口要隘或人流必经的渡口要道上。从某种意义上看，它起到了把守关隘、控制城市制高点、便于瞭望的军事目的。这样就使其具有了某种独立性。这种独立性的逐步发展，使藏传佛塔单独出现的情况越来越多，慢慢演化为独立的建筑物了。这一点与其他佛塔的发展有共同的地方。流传至今的不少藏传佛塔，已经成为单独的人文景观了。例如北京的妙应寺白塔等。

藏传佛塔的构成，是由塔基、塔身、塔刹三部分组成的。其塔身均为几何化了的覆钵体。由于覆钵体对塔高有一定限制，所以尽管后世将其趋瘦趋长，但主要还是通过塔基、塔刹的设计增高来使整座塔增高的。

塔基的平面，是在正方形的基础上发展变化而来的。开始正方形四周边的中央凸出一部分，清代称之为“四出轩”，现称十字形。后又在“十”字各面向内折角，有一折、二折、三折不等，以二折居多。西南边陲地区有八边形和圆形等。塔基的立面，多为线角刚直的平台座和须弥座，有 1 至 5 层不等。塔基的内部，通常建有内室，主要用来供佛像。这内室也有单层与多层之分，西藏江孜地区白居寺的大普提塔竟有 9 层之高。由此可以看出，藏传佛塔塔基的设计建造也是非常讲究和重要的。

塔基之上即为塔身。覆钵体的平面多为圆形，但也有近乎圆形的多边形。一般情况，早期藏传佛塔的覆钵体较为平矮，上下垂直成圆柱形，有的上周鼓圆下周放大，显得饱满、肥硕，如元代妙应寺白塔。到了明、清时代有所变化，覆钵体的上周顶比下周宽大，由上至下逐渐收分，成一倒置的圆锥体。

塔身之上是塔刹，是塔的顶部。它的高度一般是塔身的一倍至二倍，占全塔高度的十分之四，远远超过了中原地区佛塔的塔刹。它比塔身细瘦，但仍显粗壮。其中又可分塔脖子、十三天、圆盘和刹顶等上下四个组成部分。塔脖子即塔刹的基座，是塔刹与塔身的连接和过渡部分。十三天，即相轮，圆形平面，圆锥体。十三天顶上覆一圆盘，元明时常做成一个直径甚大、垂有流苏的铜盘。盘上又托刹顶。

藏传佛塔所用材料，多为石料，少量用砖。塔的表面涂灰刷

| 妙应寺 |

妙应寺，俗称白塔寺，始建于元朝，初名大圣寿万安寺，寺内建于元朝的白塔是中国现存年代最早、规模最大的藏传佛塔。妙应寺白塔融合了中尼佛塔的建筑风格，为元大都增添了光彩和气势。

浆，因此常被称为白塔。元时所建的藏传佛塔，常用铜铸造顶刹、圆盘，使整座塔显得金碧辉煌。到了明、清，又以琉璃装饰，更显华丽多姿。

妙应寺白塔是元代藏传佛塔中的代表作。地处今北京市阜成门内的闹市区，俗称白塔。妙应寺始建于辽道宗寿昌二年（1096），原名大圣寿万安寺。元世祖至元八年（1271），相传寺内发现有“舍利二十粒，青泥小塔二千，石函铜瓶，香水盈满，前二龙王跪而守护。案上无垢净光陀罗尼经五部，轴以水晶，金石珠琢异果十种，列为供。坛底一钱，钱文至元通宝四字”①。于是，崇信藏传佛教的元世祖，于至元十六年（1279），重修圣寿万安寺，并在此前于寺内安排修建了藏传佛寺塔——圣寿万安之塔，即白塔。1368年，寺毁于火，只剩白塔。现存的寺殿，是明朝天顺元年（1457）重建的，并更名为妙应寺。

妙应寺白塔的具体建造，是由尼泊尔匠师阿尼哥设计施工的。阿尼哥是一位杰出的工艺美术家和建筑师，他于世祖至元八年（1271），根据元世祖忽必烈的要求“角垂玉杆，阶布石栏，檐挂华鬘，身络珠网，制度工巧，古今罕匹”，建造了此塔。此塔融汇了中、尼两国建筑师及两国人民的智慧与劳动，是中、尼两国人民友好交往和文化交流的生动例证。

白塔原处于圣寿万安寺的中轴线上，是其主体建筑。塔全高51.3米，砖石砌造，外涂白灰，由基座、塔身、塔刹三部分组成，基座平面是“凸”字形。下部是两层方形折角须弥座，上部是莲瓣座。莲瓣座平面作圆形，立面似一扁平的圆鼓，轮廓显得坚韧有力。塔身是一个完整的覆钵体，有人称其为“宝瓶”，也有人称其为塔肚子。塔身与塔基的连接处，有许多名叫金刚圈的线条过渡。塔刹又可分刹座、相轮、宝盖和刹顶几部分。刹座，又叫塔脖子，是一个较小的须弥座，与塔基下部的须弥座样式完全一样，也采取了十字折角的平面。相轮上砌出十三层棱角线。宝盖是一金属圆盘，四周缀以流苏和风铃。刹顶则是一个精制的小铜塔。全塔比例匀称丰满，轮廓雄浑磅礴，加之满涂的白垩与宝盖金黄色的互相映衬，使整座塔给人以素洁斑斓、雄浑壮美之感。

妙应寺白塔现为全国重点文物保护单位。

四、居庸关云台

居庸关云台又叫居庸关过街塔，是一种特色鲜明的藏传佛教建筑。这种建筑形式在元代盛极一时，并传入中原和南方地区。如除居

① 参见《帝京景物略》卷四。

庸关过街塔外，元至正三年（1343）建造的武昌胜象宝塔，至正十四年（1354）建造的今北京卢沟桥塔以及今广西壮族自治区桂林万寿巷的舍利塔，今西藏自治区拉萨市的西门塔等，都采用了在高台上建造藏传佛寺塔的台塔、门塔形式，供人穿行，以“普今往来，留得顶戴”“下通人行，皈依佛乘，普受法施”。

居庸关云台位于今北京市西北郊昌平区的居庸关口处，现只存石台基座，原来上部还有三座藏传佛塔。居庸关是我国古代十分重要的战略要地，是北方草原进入今北京的咽喉与门户。元朝统一后，还是从大都至上都的必经要道。在这样重要的地方建造规模宏大，形制特殊的过街塔，除其本身的弘扬佛法的意义外，另外还是古今北京的著名人文景观。所以，当时及后来的文人写了不少文章和诗歌给予记述赞美。其中以欧阳玄《居庸关过街塔铭》①的描写最为全面和可信。

欧阳玄系元代著名学者，他的《居庸关过街塔铭》比较详细地介绍了过街塔的建造起因、建造时间及外貌形制等。其铭曰：

> 过街塔铭，欧阳玄文。关旧无塔，玄都百里，南则都城，北则过上京，止此一道。昔金人以此为界，自我朝始于南北作二大红门，今上（元顺帝）以至正二年（1342）始命大丞相阿鲁图、左丞相别儿怯不花等创焉。甚为壮丽雄伟，为当代之冠，有敕命学士欧阳制碑铭。皇畿南北为两红门，设扃鐍（钥），置斥候。每岁之夏，车驾清暑滦京，出入必由于是。今上皇帝继统以来，频岁行幸，率遵祖武。一日，揽辔度关，仰思祖宗戡定之劳，俯思山川拱抱之壮，圣衷惕然，默有所祷，期以他日，即南关红门之内，因两山之麓，伐石甃基，累甓跨道，为西域浮屠，下通人行，皈依佛乘，普受法施。……于是，命中书右丞相阿鲁图、左丞相别儿怯不花、平章政事帖木儿达识、御史大夫太平总提其纲，南星

① 引自缪荃荪艺风堂抄本《顺天府志》卷十四“昌平县关隘”条。

剌麻其徒日亦恰朵儿、大都留守赛罕、资政院使金刚吉、太府监卿普贤吉、太府监提点八剌室利等授匠指画，督治其工，卜以是年某月经始。

居庸关云台当初在塔基之上建有三座塔，此塔形状应与妙应寺白塔类似，只是小于妙应寺白塔。如欧阳玄《居庸关过街塔铭》对此说述说："塔形穹隆，自外望之，轮相奕奕。"说明居庸关过街塔的形状亦应是覆钵式的藏传佛塔。

居庸关云台的券石上和券洞的内壁，刻有天神、金翅鸟、龙、云等藏传佛教纹样，特别是门道两侧的4幅四大天王的浮雕十分生动精美，每幅高达3米，宽4米左右，这在其他地方是不多见的。另外，还刻有梵文、藏文、八思巴蒙古文、维吾尔文、汉文、西夏文等6种不同文字的陀罗尼经咒文，是研究古代文字的宝贵资料。其中人物等雕刻均为高浮雕，姿态神情雄劲，各种图案有着生动跳跃的热烈气氛，与汉族传统风格不同，是元代雕刻中的优秀作品。藏传佛教的雕刻题材和手法对于明、清建筑艺术产生了不小影响，特别是对宫式建筑影响更大，而过街塔和高台建塔类型的建筑在明、清仍继续建造。如建于清代的，地处今河北承德避暑山庄的不少寺庙里就建有大量的台塔与门塔。其中普乐寺旭光阁台顶上建有一些琉璃塔，普宁寺大乘阁四周有四座建在1米高台基上的台塔，普陀宗乘之庙的五塔门上建有5座藏传佛塔。

据史料记载，元朝时在居庸关云台附近还建有永明寺，二者关系密切。现该寺已无存，但当时却是非常辉煌壮丽的。欧阳玄铭曾记载说："既而缘崖结构，作三世佛殿，前门翚飞，旁舍棋布，赐其额曰：'大宝相永明寺'。"缪荃荪艺风堂抄本《顺天府志》卷十四昌平县关隘条引《析津志》云："至正二年（1342）今上始命大丞相阿鲁图、左丞相别儿怯不花创建过街塔，在永明寺之南，花园之东。有穹碑二，朝京而立。车驾往回或驻跸于寺，有御榻在焉。其寺之壮丽，莫之与京。关之南北有三十里，两京扈从大驾春秋往复多所题咏，今古名流并载于是。"可知永明寺与过街塔一样，都十分宏伟壮丽，并

居庸关云台塔基

且塔在寺南，二者关系十分密切。元代诗人乃贤《金台集》卷二《上京纪行》关于居庸关的诗有“浮屠压广路，台殿出层麓”之句，并在此诗自注中云：“关北五里，今敕建永明宝相寺，宫殿甚壮丽，三塔跨于通衢，车骑皆过其下。”由于史料缺乏，永明寺的具体结构建筑情形难觅全貌，但通过时人对它的描述，可知它是元代的一处佛教圣地。居庸关云台现为全国重点文物保护单位。

五、龙泉寺

龙泉寺地处内蒙古赤峰市喀喇沁旗锦山镇西北的群山环抱之中，背靠海拔1 200米的狮子峰。寺殿依山势而建，高低层叠，呈三进三阶院落，布局以中轴线为中心左右对称。前有山门，中有天王殿和东西两侧配殿，最后一层为3间大殿。在最后一层大殿石阶下有石狮一尊，缘山石而雕刻，呈卧式，昂首向西南，身长4.5米，头高1.1米，形态生动逼真。石狮背脊上立小界石碑一块，碑上有“大元国上

内蒙古喀喇沁旗锦山镇龙泉寺

都路松州南阴凉河川狮子崖龙泉寺常住山林地土周围四至碑”及“至元二十四年（1287）月日重修”等字样。西侧是1927年重修庙宇题记。东侧是元代古碑，立于元至正元年（1341）岁次五月。碑文共1 250字，叙述了该寺住持光普济大师然公（张智然）在前寺之上除瓦砾，剪荆榛，修山门佛殿、厨库、僧舍以及这里山清水秀、信徒沓至的盛况。此碑虽已600多年，但保存完整，螭首龟趺都有，碑文也很清晰，因雕刻精巧细腻，花纹别具匠心，具有很高的史学和艺术学研究价值。

寺后山坡上，有小石窟一个，高阔各约2米，深约1.5米，内有石佛两尊，表面已风化剥落。

寺后西北侧约 15 米处，有古井一口，夏秋间水溢外流，常年不枯，龙泉寺即据此而得名。

龙泉寺的兴盛时期是元、明、清三代。清康熙三十七年（1698）七月，康熙帝在平定噶尔丹后回盛京（沈阳）告祭，路经驻跸喀喇沁驸马府时，曾专程到龙泉寺焚香拜佛，并赐金鞍玉辔和弓箭等物。

龙泉寺是今内蒙古地区仅见的元代佛寺，1986 年 5 月，被内蒙古自治区列为全区重点文物保护单位。

第二节
伊斯兰教建筑

>>>

伊斯兰教建筑是伊斯兰教传入我国后，在我国古代建筑宝库中出现的一种新的建筑类型。

据史书记载，伊斯兰教在唐代传入我国。随着时间的推移，伊斯兰教建筑也得到了不断发展，逐步形成了中国伊斯兰教建筑特有的结构体系和艺术风格。

唐、宋时期，是中国伊斯兰教建筑的早期发展阶段。这一阶段的伊斯兰教建筑多集中在我国东南沿海通商港口及西北长安、新疆等地。如中国古代的四大清真寺，即广州怀圣寺、泉州清净寺、杭州真教寺和扬州清真寺，都是在这一时期建造的。其特点是多由大食、波斯等国的伊斯兰教传教士和商人建造，多用砖石砌筑，平面布局、外观造型及细部处理，基本上是阿拉伯建筑式样，受中国传统木结构建筑的影响较少。

到了元代，由于伊斯兰教得到了很大发展，所以伊斯兰教建筑也遍布全国各地。元代伊斯兰教得到大发展有几方面因素促成。其一，由于元代实现了祖国大一统，东西交通方便，商业繁荣，所以阿拉伯商人和伊斯兰传教士来华者很多，促进了伊斯兰教的发展。其二，蒙元时期征服攻占了大片阿拉伯国家领土，并从这些国家迁移带回了大批商人、技术人才及普通老百姓，他们所聚之地后来都成了中国各省内的回族聚居区。其三，元朝统治者提倡多种宗教的发展，其中也包括伊斯兰教，使许多蒙古人、汉族人也改信伊斯兰教。伊斯兰教的空前发展，势必促进了伊斯兰教建筑的发展。

元代伊斯兰教建筑从地域来看，以今新疆、甘肃、青海、宁夏、云南、福建、浙江等地及大运河两岸的城市为多，内地如今北京、河北也有不少。从数量和规模方面来看，也远超唐、宋时期。据史书记载，元世祖中统四年（1263）左右，元大都有信仰伊斯兰教的人口2 953户，按每户5人计，有15 000人左右，约占当时大都人口的十分之一还多。有这么多信仰伊斯兰教的人，他们当然要兴建从事宗教等活动的伊斯兰教建筑。元大都当时兴建的清真寺就达35座之多。今日北京的伊斯兰教四大名寺，当初应建于元代。另外，在广州、泉州、上海、温州、杭州等阿拉伯及回族商人大量聚居的地区，肯定也有不少伊斯兰教建筑。如泉州在宋代时只有清真寺一座，到元朝时有据可查者增加到六七座。另外，在这些地方，富有阿拉伯建筑风格的民居也有不少。如元代在杭州就出现了阿拉伯风格的高层民居。其中杭州城东荐桥西侧有高楼八间，俗称八间楼，就是回族富商的住宅。陶宗仪在其《南村辍耕录》卷二十八里记载：一天，阿拉伯人结婚，婚礼奇异，围观者甚多。有攀缘窗户楼顶者，致使楼顶倒坍，压死主客妇婿等人。杭人王梅谷以回族人名切入作诗说："压落瓦（阿老瓦）碎号倒落沙（倒剌沙）泥，别都钉（别都丁）折今木屑飞（木契飞）扬。"

关于元代伊斯兰教建筑的具体情况，中外史书均有记载。如瑞典史学家多桑在其《多桑蒙古史》里引用回族人阿剌丁所述说：

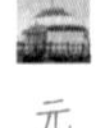

> 今在此东方域中（中国），已有回族人之不少移植，或为河中与呼尔珊之俘虏挈至其地为匠人与牧人者，或因签发而迁徙者。

其自西方赴其地经商求财留居其地而建筑馆舍，或在偶像祠宇之侧设置礼拜堂（清真寺）与修道院者，为数亦甚多焉……复次为成吉思汗系诸王曾改信吾人之宗教，而为其臣民士卒所效法者皆其类焉。

另外，在元代曾到过中国的摩洛哥著名游历家伊本·拔图塔，在其所著《游记》中亦说：

> 中国之皇帝为鞑靼人，成吉思汗后裔也。各城中皆有回族人居留地，建筑教堂，为礼拜顶香之用。而中国人于伊斯兰教徒亦尊视崇拜……秦克兰即兴阿兴（疑为今广州）……城中有地一段，教徒所居也，其处有伊斯兰教总寺及分寺，有养育院（或译作旅馆）有市场，有审判 人及牧师 人。中国各城市之内皆有伊斯兰教徒。有长者以代表教徒利益，审判者代教徒清理词讼，判断曲直。……第三日进第三城（杭州）。城内皆伊斯兰教徒所居，此处甚优雅。市场之布置与西方伊斯兰教国相同。有礼拜堂，有祈祷处。余辈进城数日，今日方始举行午间祈祷。余寓埃及人鄂施曼后裔家中。……其子孙在此亦颇受人尊敬……创办医院，建筑颇为华丽。……鄂施曼在此城营造一伊斯兰教大礼拜寺名曰甲玛玛思及特（Jama · masjid）。并捐钱甚多，作维持费，伊斯兰教徒在此者亦夥。

通过这些记载可知，元代的伊斯兰教建筑很多。但经过近千年的风雨侵蚀、人为破坏，现今完整保存下来者已很少，这使得现今的研究考察面临诸多困难。但从一些伊斯兰教清真寺中某些殿堂或局部可确定为元代建筑者来看，亦可对其有一大概了解。

杭州真教寺在元代延祐年间（1314—1320）为大师阿老丁所建，今寺貌与原建恐有不同，但后部砖砌窑殿的中间一殿可确定为元代遗物。定州市清真寺后窑殿内部仍为元代建筑，其四隅起圆拱顶处系用砖砌斗拱的做法，与他处常见的用砖叠涩起圆拱顶不同。云南昆明市正义路清真寺、福建泉州市清净寺、山东济南清真寺等建筑也留有元代痕迹。今天所见的清真寺，凡是后窑殿为砖砌圆拱顶的，多有为元代初建的记录。此种形式明代还在使用，到清代就很少见了。这是中国化的仿西方清真寺后殿顶上用圆拱的建筑形式。另外，在伊斯兰教陵墓建筑方面，元代所建、至今保存比较完整的有今新疆霍城县的吐虎鲁克麻扎。吐虎鲁克麻扎是成吉思汗第七世孙吐虎鲁克铁木耳（死于1363年）的坟墓，是用蓝、白、紫色琉璃砖砌成的半圆拱顶式坟墓，近于中亚式样。

元代伊斯兰教建筑的结构和艺术风格形成两种不同体系。一般内地的已吸取了中国传统建筑的院落式布局与木结构体系，形成了中国伊斯兰教建筑，即中西结合的式样。边疆地区，如新疆等地则基本保留了阿拉伯的伊斯兰教建筑形式。这可以说是中国伊斯兰教建筑史上承前启后、继往开来的时期，既继承了唐、宋时期基本保留伊斯兰教原有的建筑形式的做法，又为明、清大批中西结合的伊斯兰教建筑的出现开了先河。

伊斯兰教建筑作为我国古代建筑宝库中出现的一种新的建筑类型，是有它特定的布局结构与设计要求的。以其最具特点的清真寺为例，在布局方面，清真寺主要建筑有礼拜殿（又称大殿）、邦克楼（又称唤醒楼）、讲堂、浴室及阿訇办公居住用房等附属建筑物。内地清真寺一般寺前为大门、二门，门内两旁布置讲堂和阿訇办公用房；邦克楼布置在中轴线上，或单独建造。邦克楼是登楼招呼教民做礼拜用的，一般为2～3层，有的可达5～7层。礼拜殿是清真寺的主体建筑，是从事宗教活动的中心，由前廊、礼拜殿和后窑殿三部分组成，多用几个勾连搭屋顶连在一起。新疆等边疆地区的清真寺与内地的有所不同。它不像内地清真寺那样院落重重，也不强调轴线对称，而是开门见山，进大门即为礼拜殿，大殿周围布置有各种建筑。礼拜殿为拱顶或平顶，并分内外殿。邦克楼有的设在大门两旁，有的建在寺的一角。在设计原则方面，清真寺的布局和形式较为灵活，但也有几条必须遵守的原则。其一，不论寺的大门朝向何方，但大殿的神龛必须向西背向麦加，这是因为按伊斯兰教规，做礼拜时必须面向麦加，而麦加在中国之西。这样，就往往出现大门在大殿后面或左右侧的情况。其二，大殿内不供偶像，殿的规模大小取决于附近教民的多少，其平面布局亦多种多样。殿内满铺地毯，教民做礼拜要脱鞋进入。其三，殿内神龛前左侧建讲经台，位置固定，但式样无定制。其四，室内外装修常用植物纹、几何纹或阿拉伯文字，一般不用动物纹样。

一、山东济南清真寺

山东济南清真寺包括南北二寺。其中南寺始建于元代，北寺创建于明代。关于南寺的始建与后世扩建修葺等情况，明弘治乙卯年（1495）济南府历城县礼拜寺重修碑记有所说明，该碑记云：

> 礼拜寺旧在历山西南百许步，厥始莫详。大元乙未（1295年或1355年）春，山东东路转运盐使司都运使，松八剌沙奉命撤寺，建运盐司，乃徙置于泺源门西锦经沟东，聊建殿楹，立满剌艾迪掌焚修事。……至我朝宣德丙午，满剌缺人，以迄我圣天子正统改元，公议又举陈礼主掌教事。始至，进谒寺下，俯仰太息，颓然数楹，不蔽风雨，以故市民地十余丈，以拓其基，外缭□垣，内建礼殿五楹……迨弘治壬子秋谂于众日……规模狭隘不易容众。是以复市民地丈尺若干。门南向于礼为不称，易之而向东焉。置斋戒所在礼殿南，立讲堂于二门前，建庖厨于大门内，与夫库以储藏慎终具。

通过上述碑记描述可知，济南清真寺元时原在历山西南百步许，后于元乙未年在泺源门西锦经沟东重新修建。到了明代已残破不堪，于是又大加修缮，并增建了礼殿、斋堂、厨房、讲堂等建筑物。另据清同治十三年（1874）重修该寺碑记及1914年重修南大寺大殿碑记记载，清代中后期及民国也对该寺进行了大规模维修。现可见到的济南清真寺系元明清及民国几代所修建，其中以清代为主。大约其发展经历了四个阶段。即：①元初或元末阶段，修有大殿数间；②明弘治乙卯（1495）重修，发展为四合院带两门形式；③清同治十三年（1874）再修，形成今天所见格局；④民国年间又修建了邦克楼和大门三间起楼。

就今天所见到的济南清真寺来看，由于经历了四个不同阶段的修建，所以其风格很不统一。如邦克楼三大间建在高台之上，特别引人注目，大门三大间起楼在他处也少见。大殿周围有细而高的廊柱，有火焰形木券门，隔扇窗棂用阿拉伯文组成，这些都是伊斯兰教建筑的特点。整座寺处于一缓坡形地带。由大门进去，首先看到的是高台阶上耸立的三间两层邦克楼式建筑。由邦克楼再往里进，又是高台阶上耸立着大殿。这样愈上愈高，使整座建筑显得十分宏伟壮丽，是成功利用地形地貌的范例。

济南从宋、元时期开始，就是穆斯林民众聚居和生活的地方之一，其清真寺建筑的历史可以追溯到元代。著名的济南清真寺就创建于元代，时至今日仍是穆斯林民众从事宗教活动的重要场所。

二、河北定州市清真寺

河北定州市在我国古代是一座很重要的城市，古建筑遗存很多。如建于北宋的瞭敌塔，是目前国内最高的砖塔。另在城西有一座古老的清真寺，据史料记载重建于元代。该寺的后窑殿内，目前仍保留了不少元代砖结构建筑，是我国现存最早的砖无梁殿或半圆拱顶结构的实例之一。

关于河北定州市清真寺的建置经过，现该寺大殿前有元明碑各一，对此作了比较详细的记载。元至正八年（1348）重建该礼拜寺碑记载说：

> 大元至正三年（1343），普公奉……统领中山兵马，甫一撰……时天下晏然……左右对以回族之人遍天下，而此地尤多，朝夕亦不废礼，但府第之兑隅，有古刹寺一座，□□□三间，名为礼拜寺，乃教众朝夕拜天祝延圣寿之所，其创建不知昉于何时，而今规模狭隘，势难多容众，欲有以广之，而力弗逮者数十

年……于是，鸠工庀材，大其规划，作之二年，大殿始成。但见画栋、雕梁、朱扉□□□□华采，有不可以语言形容者……

通过元碑此段记载可知，当时定县的回族人已经很多，原有一座古寺已不敷使用，所以用了两年时间加以扩充，建成大殿等建筑物。大殿雕梁、画栋、朱扉，规模宏大华丽。

另外，据明正德十六年（1521）重修此寺碑记记载，明代对此寺也进行了一次大的维修。

定州清真寺

河北定州市清真寺的平面布局，系中国传统的四合院形制。这种形制大约是明代形成的。因为明碑里有“继见其大殿之孤立而悲其无以为副也”的记载。现大殿之间，庑殿顶斗拱五踩重昂，大约是经过明清重修的。大殿的后窑殿内部，则是典型的元代半圆拱顶的无梁殿结构，是我国古代建筑史上砖无梁殿已知的最早实例之一，对研究我国建筑技术的发展史有重要参考价值。在我国古代建筑史上，唐代在广州所建的斡葛斯墓已采用了砖半圆拱顶式，但还没有斗拱。该寺大殿后殿圆顶已经使用了斗拱。其斗拱出三跳、偷心、无卷杀，琢磨圆滑。在补间处使用斗拱一朵，两材未出跳，在斗拱以上是砖砌半圆拱顶。另外，在内部砖墙的尺寸与砌法上，有两个显著特点：一是使用大砖，寺内别处无此种砖。二是砖缝用黄土灰浆抹合这一古老做法，而不用石灰浆。从这几个特异处可确定后窑殿内部是元代遗物。外墙与上部屋顶则经过明清的重修。

该寺后窑殿的面墙上，有非常精美华丽的木制圣龛。其主要色调为红地金花、金字，下为栏杆，上为垂柱及斗拱门罩。圣龛最中心部分是“圆光”形，另加九个小圆光状物，拱卫环绕。圣龛侧面板壁上的图案，系阿拉伯文与花朵互相交织，较为少见，体现了伊斯兰教建筑艺术的特色。这种以伊斯兰教为准则，采用中国的技术，糅合中外艺术的形式，到了明代才是其成熟期，但元代为其做了准备和开了先河。

三、云南昆明市正义路清真寺

云南自元代开始就是穆斯林比较集中的地方。他们为云南的发展建设作出了自己的贡献。如元咸阳王赛典赤在云南兴修水利，设立学校，发展文化事业，至今仍得到人们的赞颂。同时，由于伊斯兰教徒众多，相应地也就促进了伊斯兰教建筑的发展。现云南省的昆明、大理、保山、开远、巍山、蒙化、河西通海、寻甸、昭通、大回村等地，都有清真寺建筑。《续云南通志》中就说：“清真寺各州县皆有”。这一现象应该说是从元代开始。当然其间由于天灾人祸，破坏也是严重的。

今昆明市区内有清真寺五座。如正义路清真寺、南城清真寺、顺城街清真寺、正义永宁路清真寺等。其中大多为清代和民国年间增

昆明南城清真寺，回族民间俗称礼拜寺。它是伊斯兰教最核心的一个建筑体和标志物，是穆斯林举行礼拜、宗教功课、宗教教育、宣教活动、重大节日庆典等的场所。清真寺的外貌受佛教文化影响，展现出中国寺庙的建筑风格。且在寺里的庭院中有附设的印书社，保存着大批伊斯兰教经典著作。

南城清真寺

修，只有正义路清真寺比较古老。相传正义路清真寺为元咸阳王赛典赤创建。另据《云南通志》说：“清真寺在城南门（即今正义路），唐贞观六年建，元赛典赤瞻思丁改修。清光绪二年，湖南提督建水马如龙重建。一在鱼市街，俱元平章赛典赤瞻思丁建。”该寺创建于唐代，据研究者考证恐立论不足，还是建于元代，经后世维修之说较为可信。

今所见正义路清真寺，系一四合院式建筑。其庭院比较窄小，院中有大殿、左右讲堂、花厅、水房、仓库、厕所等建筑。大殿在全院的正中，最为高大，并且彩画鲜艳夺目，为他处所少见。在靠大门处建有一座四方歇山卷棚的花厅。花厅由于距大门甚近，挡住了院内其他建筑，所以一进大门给人一种鲜花绮丽的感觉。转过花厅，映入眼帘的又是宏伟壮丽的大殿。大殿前又有花木掩映。花厅处原恐怕建有邦克楼，后可能邦克楼毁，为了不使一进大门就是大殿，建此花厅。大殿后面有水房、厕所、仓库等。北侧有跨院，原为阿訇等的住处。全寺在较为窄小的庭院中，布置得比较合理巧妙。

该寺大殿内有大量的彩画，这是昆明一带清真寺的特色。云南其他地区的清真寺大殿多不用彩画，纯本色木面，色调朴素自然，该寺大殿梁枋彩画是近几年来重新油饰的，颜色红、白、蓝、绿、黄及黑线相间使用，绚丽多彩。

四、新疆霍城吐虎鲁克麻扎

麻扎是中国新疆伊斯兰教圣裔或著名贤者的坟墓。为阿拉伯语“mazar”的音译，原意为晋谒之处。麻扎的布局和建筑形式多样，一般有墓室，四周围以栏杆，并树立一些长木杆，木杆上挂布条、马尾、牛尾、羊尾等物。著名的麻扎多为庭院或宫殿式建筑，主体为穹隆形的高大墓室，顶部为圆拱形，并多镶嵌绿色琉璃砖，十分精美。另还有礼拜殿、塔楼和习经堂等附属建筑，形成了一个民族风格的建筑群体。

我国的麻扎这一伊斯兰教建筑形式，多在新疆。现新疆境内著名的麻扎就有 40 多座。它是穆斯林心目中的神圣之地。新疆穆斯林在骑马或乘车经过麻扎时，会下来拜谒。维吾尔族民间每当农历五月或小麦成熟季节，也多在麻扎所在地举行传统的盛会。

吐虎鲁克麻扎是成吉思汗七世孙吐虎鲁克铁木耳的坟墓。吐虎鲁克铁木耳曾经做过元朝西北宗藩国，统治中亚地区的蒙古汗国——察合台汗国的汗王。他在位期间信奉伊斯兰教，所以故去后也葬于伊斯兰教风格的坟墓。

吐虎鲁克麻扎的墓祠平面呈长方形，正面宽 10.8 米，进深 15.8 米，全部用砖砌筑，正中为一穹隆顶（无梁殿结构，无木柱横梁），祠内有暗梯可登临屋顶，总高 9.7 米。正面门口做成尖拱式，除门楣和门边用阿拉伯文装饰外，其余壁面全部用紫、白、蓝色琉璃镶嵌，琉璃面砖砌组成各种图案和花纹，精致华美，有浓厚的新疆伊斯兰教风格。其制度

形式很接近中亚各国伊斯兰教建筑的做法。无论大门及砖龛，全是当时当地的式样，与杭州真教寺和泉州清净寺的大门接近。由于自然条件等原因，这种特点在我国西北一带保存得比较完整。而在内地受自然条件及建筑技术等因素局限，不易产生这种新颖别致的伊斯兰教建筑艺术。另外，随着时间的推移和各地穆斯林所受当地影响及爱好不同，内地的伊斯兰教建筑与新疆维吾尔族的伊斯兰教建筑形成各自不同的特点。

吐虎鲁克麻扎建于14世纪中叶，在新疆早期的伊斯兰教建筑中具有重要影响。另外，附近还有规模较小的吐虎鲁克铁木耳的父亲和儿子的墓各一座。

第六章

蒙古包

6

蒙古包是蒙古等游牧民族传统的住房。古代叫穹庐或毡帐、帐幕、毡包等。蒙古语称嘎勒，满语叫蒙古包或蒙古博。满语“包”意为家或屋，所以从清以后就一直称蒙古包。

蒙古包是游牧民族为适应游牧生活而创造的一种易于拆装、便于游牧的居所，它的历史比较悠久。它自匈奴时代就已出现。被匈奴滞留的汉朝李陵在答苏武书中就有“韦韝毳幕，以御风雨”的句子，描写匈奴人的居所。公元5世纪左右，林胡与东胡人的居室开始用树枝草木搭成的“马脊架”，后由于游牧搬迁的需要，又仿照“马脊架”制作了皮布“幔帐”，类似今天的帆布帐篷。蒙古人崛起于大漠南北后，由于蒙古高原风沙大，雪多，气候异常寒冷，长方形的幔帐冬不保暖，夏不凉爽，春天经常被大风掀翻，冬天有时被大雪掩埋，于是为了适应游牧生活的需要，对这种幔帐进行了改进。他们从祭神的敖包周围不积雪、不直接受风得到启发，于

蒙古包

是制造了圆形蒙古包。

从史料记载来看，元代蒙古包一般分百姓居住的和皇帝、诸王宫帐两种。百姓居住的蒙古包呈圆形，四周侧壁分成数块，每块高 130 ~ 160 厘米，长 230 厘米，用木条编成网状，几块连接。帐顶与四壁覆盖或围以毛毡，再用绳索固定。西南壁上留一木框，用以安装门板，帐顶中央留一圆形天窗，以便采光、通风、排放炊烟，夜间或风雨雪天用毛毡遮盖。包内还设有火塘或炉灶。一般高 3 米左右，直径 4 ~ 5 米。

第一节
斡耳朵

>>>

蒙古汗国时期可汗和诸王及元朝皇帝外出巡幸所住宫帐称斡耳朵。斡耳朵是蒙古语“ordo”的音译，又译作斡鲁朵、斡里朵、兀鲁朵、窝里陀等，意为“宫帐”或“行宫”。

蒙古包群

斡耳朵有可以迁徙搬运和固定不动两种。后者的规模要比前者大得多。但不管是哪种形式的斡耳朵，在蒙古汗国和元朝时期，都有一个环绕它的庞大帐幕群。当时的一些西方传教士和汉族文人看到这绵延数里、就像一座大城市的帐幕，曾说："在他们的语言中，宫廷称为'斡耳朵'，意思是'中央'，因为其总是在属民的中央""在宫廷的右边和左边，他们可以按照帐幕所需的位置，随意向远方伸展，只要不把帐幕安置在宫廷前面或后面就行"。其中居中南向的斡耳朵"独居前列"，后妃的帐幕排列在斡耳朵稍后的左右侧，地位最尊贵的"正后"的帐幕列在最西边（蒙古人以右为上），在最东边的帐幕中居住的往往是地位最低的嫔妃。扈卫人员和官员僚属的帐幕，则排列在后妃帐幕稍后的左右两边。每个帐幕之间的距离为"一掷石之远"，大约30米①。

可以迁徙的斡耳朵，一般直接放在车上拉走。有人曾见过宽9.12

① 引文见《出使蒙古记》第112、113、114页，《黑鞑事略》《长春真人西游记》。以下引文除注出者外，均见这几本书。

米的帐幕放在车上运送，车的两轮间距为6.08米，车上的帐幕超出车轮两边1.52米。拉车需22头牛，分成两排，车轴犹如航船的桅杆。赶车人站在车上帐幕门口驾驭车辆，帐中之人则可坐可卧。时人将这种帐与车的结合叫作帐舆，称其“车舆亭帐，望之俨然，古之大单于未有若是之盛”；“舆之四角，或植以杖，或交以板”，用以固定大帐。

斡耳朵的迁徙称为起营，选点扎帐称为定营。徙帐的队伍声势浩大，“如蚁阵萦纡，延袤十五里左右，横距及其直之半”。车队的前边往往是专职的占卜术士，他们负责选择新的定营点，并为斡耳朵主人举行定营后的宗教仪式。驻营地一般选在背风向阳之处。斡耳朵的迁徙时间，“亦无定止，或一月或一季迁耳”。在寒冷的冬季，一般不起营，初春时则开始移动。成吉思汗时，在卢驹河曲雕阿阑（今克鲁伦河阿布拉嘎河口附近）、土兀拉河黑林（今十拉河上游昭莫多之地）、萨里川哈老徒（地处今克鲁伦、土拉河上游之间）和杭海岭北侧置了四个大斡耳朵以及其他一些斡耳朵。① 这些斡耳朵均是可迁徙的。

固定不动的斡耳朵，以元世祖忽必烈在上都西南草原上所建的失剌斡耳朵为代表。元代诗人柳贯在亲睹其宏大华丽后，写了《观失剌斡耳朵御宴回》一诗，曰：“毳幕承空柱秀楣，彩绳亘地制文霓。辰旗忽动祠光下，甲帐徐开殿影齐。……壁衣面面紫貂为，更绕腰阑挂虎皮。大雪外头深一尺，殿中风力岂曾知。”（御宴设毡殿失剌斡耳朵，深广可容数千人）在失剌斡耳朵周围，还配建了其他一些宫殿，使之成为一组固定建筑群，用来举行“诈马宴”等活动。另外，在大都城内亦有固定的斡耳朵。叶子奇在其《草木子》卷三下《杂制篇》中曾说：“元君立，另设一毡房，极金碧之盛，名为斡耳朵，及崩即架阁起”。这些设在大都宫城内的斡耳朵，在皇帝去世后，仍由其妃嫔居守，称为“火室房子”或“火失毡房”。“国言火室者，谓如世祖皇帝以次俱承袭皇后职位，奉宫祭管一斡耳朵怯薛、女孩儿，关请岁给不阙”“即累朝老皇后

① 详见陈得芝《元岭北行省建置考》上，《元史及北方民族史研究集刊》第9期。

固定的蒙古包

传下宫分者”。火室房子的固定地点在大都宫城城门东华门内，大明殿之东，也就是元人宫词中所说的“守宫妃子住东头，供御衣粮不外求；牙仗穹庐护阑盾，礼遵估服侍宸游”。到元朝后期，共有“十一室皇后斡耳朵”①。

草原上的斡耳朵是一种庞大的圆形建筑。“是草地中大毡帐，上下层用毡为衣，中间用柳编为窗眼透明，用千余条索拽住，一门，阈与柱皆以金裹”，所以又被称为“金帐”②。在大帐四周，树立着一道木栅，木栅上画有各种各样的图案。木栅开二门或三门，较大的一个门只有皇帝有权出入。

斡耳朵外施白毡，后亦有包银鼠、貂皮及虎皮的，内以黄金抽丝与彩色毛线织物为衣。帐幕中有数根柱子，起支撑作用。柱子上或贴金箔，或镏金雕花。柱子与横梁联结处以金钉钉之。牵曳大帐的绳索和大帐的门槛不许触碰，违禁者要受到严厉惩罚。地面上铺着厚厚的地

①《析津志辑佚·岁纪》。张昱《辇下曲》。
②《黑鞑事略》。

毯，正北面用木板搭起一座局台，饰以金银，上置皇帝“宝座”。高台前有三道楼梯，当中一道为皇帝专用，两边供贵族和其他地位低者走。在宫廷宴会中，向皇帝敬酒的人“从一条阶梯走上去，从另一条阶梯走下来”。在高台的后面还有一道阶梯，“是供皇帝的母亲、妻子和家属上下高台的”。宝座旁有时放有皇帝正后的座位，高度低于宝座。在高台的左右两侧，各排列有低于高台的几排座位。右边坐皇子和皇弟，左边坐后妃和女儿。此外还有一些条凳供贵族、官员坐。地位再低者坐地毯上。大帐门口原摆放一些长凳，专门用来陈放饮料和食品，后来多放置皇室专用的大型饮膳器具。

第二节
有关元代蒙古包的文献记载

>>>

关于元代蒙古包，曾有不少亲历者给予了详尽的论述，此处引用数段。

意大利人约翰·柏朗嘉宾在其《蒙古行纪》中记载如下。

> 他们（蒙古人）的住宅为圆形，利用木桩和木杆支成帐篷形。这些幕帐在顶部和中部开一个圆洞，光线可以通过此口照射而入，同时也可以使烟雾从中冒出去，因为他们始终是在幕帐中央生火的。四壁与幕顶均以毡毯覆盖，门同样也是以毡毯作成的。有些帐幕很宽大，有的则较小，按照人们社会地位的高低贵贱作以区分。有的帐幕可以很快地拆卸并重新组装，用驮兽运载搬迁，有些则是不能拆开的，但可以用车搬运。对于那些小幕帐，只需在车上套一头牛就足够了；为了搬迁那些大幕帐，则需要三四头或

更多的牛。无论他们走到哪里，去进行征战还是到别的地方，他们都要随身携带自己的幕帐①。

意大利著名旅行家马可·波罗也记载：

皇帝听朝所在的帐幕宽敞异常，上万名士兵能在里面排列成阵，而且还可以留给高级官员和贵族一席之地。帐幕的入口处朝南，东边另有一帐幕和它相通，构成一个宽敞的厅堂。这个帐幕通常是皇帝和他的少数贵族议事会客之用的。当他很想要见什么人时，便在这里进行召见。它的后面是一间漂亮的大房间，这是皇帝的寝宫。除此之外，还有许多帐幕和公寓供王室家属分派各种用场，但不和大帐幕直接相通。

这些厅堂和卧室的构造与配备如下。每间厅堂或卧室，用三根雕花并镏金的柱子支撑，帐幕外面是用狮皮盖着，颜色是白、黑、红条纹相间，缝结紧密，既不进风又不透雨。里面衬以貂皮和黑貂皮，这是所有皮货中最为贵重的。用黑貂皮做一件衣服，如做全身的，要花二千金币，做半身的，也要值一千金币。鞑靼人把它看成毛皮之王。这种动物在他们的语言里称为“浪得斯”(Rondes)，像貂那样大小的体积。大厅和卧室用这两种毛皮搭配隔堵，技巧高超，饶有风趣。支撑帐幕的绳索都是用丝制成的②。

西班牙人克拉维约的《克拉维约东使记》一书中的第13章《撒马尔罕》，更是详细记述了北元蒙古毡帐的情形。

10月10日，帖木儿在大营内设宴，邀我们前往参加。是日，帖木儿和各位夫人（后妃）及其亲属、王子、皇孙、各军将领、

① 《柏朗嘉宾蒙古行纪》中华书局，1985年版，第30页。耿昇、何高济译。
② 《马可·波罗游记》，福建科学技术出版社，1981年12月版，第108—109页。陈开俊等译。

大汗行宫（仿）

鞑靼族宗王等，皆来莅会。及抵大营，见郊外各方，皆立有极壮丽之帐幕，大体沿载来夫珊河两岸建立，其雄伟与壮观，使人惊叹不止。各帐幕间相距很近，多数帐幕则连在一起，内部一切，皆敞露在外。

行至帖木儿汗帐之前，导引之人领我们至一蔽荫处稍作休息。此种荫凉之处，系以绣各色花纹、材料接成在棚之四角，以线系住同样的棚幕，遍布园内各角落。面前一座高大而有四角者为汗帐。汗帐高约 3 根支柱高，自帐之一端至彼端长度有 300 步。帐顶作成楼式，帐之四周，由 12 根巨柱撑起，柱上涂以金碧之色。12 根柱者，系指专撑住四角者而言。至于其中，另有 4 根立于帐中间。每根巨柱，皆由 3 截凑成，但其凑合极为严谨，望之与一完整者无异。倘须装卸，移动之时则有形如大车之木台搭来方能卸下，每根柱头穿过帐顶，露于帐外。帐内靠近四壁，隔出甬道，每面之甬道，分隔成四厢，共用较细之支柱 24 根支撑，总计全帐内用大小支柱 36 根支撑，由 500 根绳索系住帐角。

汗帐之内，四壁饰以红色彩绸，鲜艳美丽，并于其上加有金锦。帐之四隅，各陈设巨鹰一只。汗帐外壁复以白、绿、黄各色锦缎，帐顶四角有新月银徽，插在铜球之上；另有类似望楼之设施，高出帐顶，有软梯悬挂其下，可以自此爬出。在平日，各望楼皆用绸盖住。据谓望楼乃预备修理帐顶时，供工人上下之用，万一有烈风将汗帐之任何一部吹坏，或支柱发生倾斜等事，工人们则由软梯爬出望楼，加以修整。汗帐之形势高巍，自远而望，俨然一座堡垒。帐内之华美，自然超乎寻常。地铺以地毯，设有御座一张，其上覆以褥三四条。帖木儿即坐此御座之上以接见臣属及外来使臣。御座左方，有较低之宝座一张，上亦铺以地毡。再往左更低处，又有御位一张。

汗帐四面，围以丝锦，其色不一，上面墙砖形，墙头开有垛口。帐内每边之长，不下三四百米，其高等于骑马之人。正面辟有大门，上挂缎幕；门幕虽大，但随时可以合闭。门楼位于门口之上，装饰亦华美。此处为帐幕之司阍所居之处，人称之为打帘楼。

汗帐之旁建有一座极讲究的圆形帐。此帐的支柱，细似枪杆，穿过帐顶，露于帐外，四角由支柱搭起顶阁，支柱皆用绳索绊于木橛之上，以保持帐幕的平衡。其能使帐幕平稳，而丝毫不动的技巧，确有令人钦服之处。圆形帐之四周，由红布围成，虽不甚美观，不过柱头上镶有银顶，其大小类乎胡萝卜；银顶上镶有各色玉石，光华耀目。帐后插有绣旗一列，微风吹动，飘飘扬扬，蔚为壮观。圆形帐之幕门高大，经常处于关闭状态，轻易不开。帐幕之上，挂有门帘……

另一座院落之中央，建有高大帐幕一座，其高度及内部陈设与前述者相类似。由红绫幔围其四周支帐的巨柱，亦由3截所凑成。帐顶上安置张开两翼的银色巨鹰一只，对面数尺以外帐角处，有银色小鸟3只，有惧巨鹰捕捉、振翼欲飞的神态，头部转向巨鹰而望，巨鹰亦作捕小鸟之势，银鹰及小鸟做工皆极精巧，栩栩如生。帐顶上以此种装饰，似有深意……

大汗行宫蒙古包内部（仿）

帐幕的第二道门，极其高大，骑士可以乘马出入。门上镶有银板，入门后两旁悬有碧色金板，板上镂刻之精细，谓之鞑靼斯坦或西班牙境内所制，殊不能令人置信。最引人注意的是，帐内的两扇银板，上有圣保罗之像及圣皮耳儿（Schpigcy）之像。据云，此帐系自布鲁撒所得来之虏获品。帖木儿入布鲁撒时，将苏丹白牙即的内库打开，将此帐幕缴获。

帐幕中央置有巨柜，其上放置酒盏及盘碟等物。柜高四尺，约及于人之胸部，其上雕饰，极为华丽，大颗珍珠、宝石镶嵌在四周。柜子的盖上，镶有大如核桃的宝石。大夫人所用的银盏，皆贮于此柜内，饮盏系纯金所制，外镶珠宝，或上嵌绿色翡翠。巨柜对面有一高桌，金制而带珠宝镶嵌。其旁陈列金制大树一株，其高及于一人身长。树枝上满结红宝石、绿翡翠、玛瑙及钻石等。果石与树枝之间，尚有金鸟栖止其上，或振翼欲飞，或适飞落枝上。树身后，立有银屏风一方。银屏上，乃一幅绘满花卉之图画。

帐幕一角落上，亦挂有画一幅，其边角皆以细锦裱好。

这些巨大而华贵的宫帐式蒙古包，今天已很难见到实物，只能从史料中获得印象。但也足令我们对蒙古族高超的建筑、雕饰等技艺大加赞叹了。直至今天，那点缀在一望无垠的大草原上的豪放而美丽的蒙古包，仍是部分牧民的居室，并且在大城市里也有仿蒙古包式的建筑，有的城市还将其作为一种旅游景点建筑引入，受到各民族人民的喜爱。

第七章

佛教与道教雕塑

7

元代由于地域空前扩大，中外文化交流空前活跃，城市经济空前繁荣，其他艺术品种如建筑、工艺美术、文学艺术的长足发展及统治阶级的重视等，使雕塑艺术也得到了一定程度的发展。其中特别是佛教与道教雕塑表现得更突出。

中国佛教雕塑艺术发展到元代已有上千年的历史，已经积累了丰富的经验，并在艺术风格方面定型化。早期佛教雕塑受印度的影响明显，到了五代、宋时期，形成了以世俗化为基本特点的佛教造像。元代仍沿着这条道路发展前进，特别是统治阶级的重视，更促进了其繁荣与发展。《元代画塑记》中曾把佛像、道像和金刚、神鬼、罗汉、圣僧像列于画工十三科之首，说明元代对佛教雕塑及道教雕塑的重视。

元代佛教寺庙及其雕塑像遍及全国各地，可惜所传者已不多。现今可见到者有山西晋城青莲寺泥塑地藏王菩萨、睡罗汉像；赵城广胜寺上寺弥陀殿内弥陀佛、泥

元代汉白玉石雕像

塑观世音菩萨、大势至菩萨，大雄宝殿内木雕释迦牟尼坐佛、文殊菩萨；陕西省博物馆藏元大德四年（1300）石观音像及故宫博物院慈宁宫大佛堂夹纻胁侍罗汉等。这些佛像继承了五代、宋时期佛教造像世俗化的风格，但其神韵不及其前，更注重雕刻细腻、装饰华丽。另外福建省福清市瑞岩山花岗岩大肚弥勒佛造像，笑容可掬，亲切动人，表达了大肚弥勒佛达观慈祥的性格，与泉州清源山碧霄岩元代至元二十七年（1290）所凿的三尊佛像一起，代表了沿海花岗岩佛教造像的创作风格与成就。

元代佛教造像中真正具有鲜明时代特色和杰出艺术水准的是梵像。梵像是西藏佛教造像及其在内地传播的藏传佛教造像在当时的称呼。主要由尼泊尔人阿尼哥传入内地和大都。具体主要指印度波罗（也译作

帕拉）王朝的佛教造像形式。据《元代画塑记》记载，阿尼哥曾于元大德九年（1305），奉皇后懿旨，以铜铸造了阿弥陀等5佛，另又塑造了千手千眼大慈大悲菩萨及左右菩萨等8尊佛。今天可见到的属于梵像的有浙江杭州飞来峰藏传佛教造像和故宫博物院收藏的铜石小型造像。

道教造像在元代兼容并包的宗教政策下也得到了长足的发展。元代道教造像的代表人物仍为尼泊尔人阿尼哥及其弟子刘元。据《元代画塑记》记载，阿尼哥曾于元大德八年（1304）奉皇后旨意塑造了三清像。其弟子曾塑大都南城东岳庙道教造像及仁圣帝像。今可见到的元代道教造像多集中于山西省各地。如太原龙山宋披云等所凿道教石窟造像，洪洞广胜寺下寺明应王殿明应王像及其侍者，芮城永乐宫三清殿屏后的救

洪洞广胜寺飞虹塔雕像

苦天尊像，晋城玉皇庙西庑星宿塑像等。这些道教石造像和泥塑像，在艺术手法方面，继承了五代及宋时期道教造像的传统手法并加以发展变化，在继承中又有自己的特色。

第一节
石窟雕像

>>>

属于元代石窟雕像的主要有甘肃敦煌莫高窟、杭州西湖灵隐寺飞来峰及山西太原龙山石窟等处佛道雕像。另外，在西安万佛峡及民乐马蹄寺等地也有少量元窟塑像。

一、敦煌莫高窟元代塑像与壁画

敦煌莫高窟是中国最大，也是世界最大的佛教艺术宝库。它最早建于公元 366 年（苻秦建元二年、晋废帝太和元年），其间经过了北朝，隋、唐，五代、宋，西夏、元四个大的发展时期①。元代属于最后一个发展时期，虽然从所建窟寺的数量方面与前几期比要少得多，但其雕塑与壁画在继承前期传统的基础上，亦增加了不少新鲜的内容，为整个敦煌艺术作出了重要贡献。

蒙古统治者对敦煌莫高窟的所在地沙州的经营管理时间是很早的。早在 1227 年，成吉思汗率领蒙古军队灭西夏，同年 3 月破沙州，敦煌就成为蒙古政权的辖地。这要比元世祖忽必烈灭宋建立元朝早半个多世纪。蒙古统治者在沙州组织移民屯田，恢复水利设施，使敦煌一带的经

① 李涛《佛教与佛教艺术》，西安交通大学出版社，1989 年版，第 233 页。

济得以复苏与发展。马可·波罗在元世祖忽必烈建元那年（1271）途经河西时，所看到的沙州是安定的，甘州更是繁华的。同时，由于蒙古统治者建立了地跨欧亚的庞大帝国，为了保障西方三个汗国与元大都的联系，曾于至元十七年（1280）置沙州路总管府。莫高窟现存的蒙、汉、藏、梵、西夏、回鹘 6 种文字的《六字真言碑》就是当时镇守治理沙州的西宁王速来蛮于 1348 年创立的。

在这种经济发展和统治阶级重视的情况下，敦煌莫高窟艺术也得以长足的发展。其间由于蒙古统治者对藏传佛教的重视与提倡，所以藏传

莫高窟壁画雕塑

佛教在敦煌亦盛行，成为敦煌寺院的主要教派，在莫高窟中留下了不少藏传佛教的雕塑与壁画。

元代在敦煌莫高窟开凿了8窟，即第1、2、3、95、149、462、463、465，重修了前代的第7、9、18、21、61、76、85、138、146、190、285、316、320、332、335、340、413、464、477共19窟，共计27窟。其中新开凿的第1、2、3窟在崖面南区的最北头，第463、465窟在崖面北区，因为这时崖面南区已十分拥挤，所以只好向北发展。元代新开凿的洞窟窟形主要有三种：一是方形覆斗顶窟；二是主室长方形，后部有中心龛柱；三是前室圆形，后室方形，后室中心设大圆坛。另外还有前部人字披顶，后部平顶的式样，如第462窟。几类窟中第三种是新样式，四壁绘满藏密图像，是典型的藏密窟式样。

敦煌莫高窟所留元代塑像，现今可见到的仅有9尊，而且还大多经过以后朝代，特别是清代的拙劣改妆。这给我们的了解研究带来一定的困难。第465窟原有千手千眼观音塑像，可惜已毁，但可知是藏密系统，属敦煌莫高窟雕塑里的新鲜内容。今存者第95窟主窟中心柱东向面盝顶帐形龛内塑有六臂观音为主像，两侧各塑一天王、二菩萨像。第464窟内西北角曾有一躯盛装的元朝某王公主塑像，但1920年被白俄匪帮拆毁，珠饰钗钿洗劫一空，唯存底层壁画上留有几行墨书："大宋阆州阆中县锦屏见在西凉府贺家寺住"，说明是元代四川移民怀念故国家园的题记。这些塑像，不论是典型的藏密梵像，还是受到传统佛像影响的塑像，与传统的佛教造像都有一定程度的不同。其显著特点在于雕刻细腻、装饰华丽，但对人物的喜怒哀乐情状及心理感情刻画不够深入。这可能与元朝统治者喜欢精美的工艺美术有关。他们把这种爱好渗透到雕塑艺术中，使元代雕塑品的工艺性与装饰性得到了加强。当然，这也符合我国古老的工艺美术发展规律，不过处理不好，则容易削弱其庄严性和神圣性。这一特点对明、清的影响很大，明、清雕塑作品的优点与缺点也是从这一点生发开去的。

敦煌莫高窟所留元代艺术品最多的还是壁画。其中主要是密宗壁画。与现实生活相去更远，但设色鲜美，鸟兽图极活泼。元代洞窟中有两个壁画保存最完好的洞窟，第465窟和第3窟，二者内容

莫高窟塑像

方面各具特色，表现手法显著不同，但艺术水准都达到了相当的高度。

第465窟前室略呈圆形，穹隆顶，后室覆斗顶方形窟，中心设呈阶梯状缩小的圆坛。此坛上原有塑像，惜已毁。“顶上画以大日如来为中心的五方佛，四壁画妙乐金刚、胜乐金刚、吉祥金刚等双身像，东壁画有铺人皮、挂人头、骑骡子的怖畏金刚。整窟画风细密，对人体的描绘准确生动，特别是表现人体四肢运动的节奏美和净土宗壁画的‘衣冠文明’各有异趣。此窟艺术水平很高，是藏族画家中几位高手的作品。”① 与汉族绘画有很大的不同。如该窟窟顶的供养菩萨，上身裸露，佩戴项圈、手镯等，下穿短裙，整体显得矫健、灵活、生机勃勃。其面部长相呈长方形，颧骨、眉棱和下颌凸出，鼻高而挺，与藏民族的面部特征相似。人体勾勒用铁线描写，显得细腻而有弹性。背光

① 参见史苇湘《丝绸之路上的敦煌与莫高窟》，载《敦煌研究文集》。

中的水纹用钉头鼠尾描，灵动自如。浅蓝色的人体在深紫罗兰色的背光和头光映衬下，格外醒目。深赭色缨珞和石绿色飘带与人体的色彩相映和谐。贴金的腰带和背光与头光的金边为整幅画面增添了华美的色感。

第465窟还有一些描写生活场景的小幅壁画。如《舂碓图》，描绘一人脚踏舂杠，手扶舂架正在舂米，另一人则用簸箕在碓窝里淘舂好的谷米。旁边用汉藏两种文字题“云碓师”。这类画对了解当时当地人民的生活情状很有帮助。

第3窟形状为覆头方形窟，窟顶藻井部浮塑四龙，四披画团花联泉纹图案。其中东壁开门，门上绘五尊佛，门南、门北两侧各绘菩萨像一身。南面和北面墙壁各绘一铺（十一面）千手千眼观音变像。西龛内残存经清代重塑的菩萨像一身，龛壁上绘菩萨、墨竹等。龛外南北两侧各绘菩萨两身。北壁上的千手千眼观音变像艺术手法纯熟，引人注目。这幅千手千眼观音变像图人物不是很多，观音像居中，头作十一面，千手千眼；两侧以对称的形式绘有婆薮仙、吉祥天、毗那夜迦、火头金刚等；上部为二飞天。其线描技巧非常高超。画家史小玉[①]根据不同人物形象采用不同类型的线描手法。如观音的皮肤细腻而富有弹性，用圆润细劲的铁线描表现；其衣服褶皱厚重，用粗放的折芦描来表现；金刚力士的筋肌鼓胀，用层次感分明的钉头鼠尾描表现；金刚的须发细亮，则用飘逸的游丝表现。不同线描的交替使用，使不同人物更加饱满、生动。另外，这组画的用色技巧也颇为特殊。先在底层上涂一层均匀的细沙，待壁面未全干时即作画上色，使墨线的水分渗入壁画，这样使墨色显得润泽而有透明感，色彩也因壁面湿气较重而显得清淡、莹润，同时又突出了线描的主导作用，色、线柔和协调。

① 第3窟西壁北侧墨书：“甘州史小玉笔”。第444窟西侧龛内北侧后柱上墨书游人题记：“至正十七年（1357）正月六日来此记耳，史小玉到此”。同龛北侧前柱上墨书：“至正十七年正月十四日甘州桥楼上史小玉烧香到此”。根据这些记载，可确定千手千眼观音变像为甘州史小玉所绘。

敦煌石窟壁画

千手千眼观音变像的下部是造型奇特的三头八臂金刚像。金刚双臂交叉于胸前，其余六臂前伸，各握杵、法轮、剑、铃等法器。双目圆睁，中间亦睁一圆眼。以淡墨染底、浓墨勾线法绘金刚的眉毛、胡须、头发，有“毛根出肉”之感。肉体用钉头鼠尾法描绘，显得强壮剽悍。另外，该幅画上部拐角处的飞天像又呈丰腴、敦实之态。飞天上身半裸披巾，下穿长裙，手拿荷花与荷叶，乘翻滚的彩云向观音献供养鲜花。飞天像在唐代敦煌壁画里就有不少，而该飞天像不像唐代的飞天那样强调动态，而是更注重其装饰性，这也是元代壁画的一大特点。

元代除了开凿新窟之外，还重修了部分前代石窟。这些重修石窟里也留下了元代的雕塑与壁画，如第 61 窟和五个庙第 1 窟等。第 61 窟建于五代，元代覆盖重绘了甬道壁画，今有场面壮观的炽盛光佛图。该图系根据《佛说炽盛光大威德消灾吉祥陀罗尼经》绘成。画中的炽盛光佛手托法轮坐在大轮车上，前有诸天引导，后有金刚力士跟随，还在小圆轮内绘有双童、蝎子、天平等。其中护法金刚身穿鼻犊裤，披绣金团花长巾，皮肤被绘成绿色，有四只手臂，形象恐怖怪异。五个庙第 1 窟东西壁有坛城图，正壁绘曼陀罗十一面观音和曼陀罗八面观音及中心柱四壁的曼陀罗壁画等。

敦煌莫高窟雕塑与壁画内容丰富、数量巨大、成就卓著，元代在其间虽然从数量方面来看不是很多，但却以其独特的内容，丰富多彩的表现形式，在色彩构成、线描运用、人体刻画诸方面取得很高的艺术成就，为延续了千年之久的敦煌艺术画了一个闪光的句号。

二、杭州西湖飞来峰梵式造像

飞来峰坐落在风景秀丽的浙江杭州西子湖畔。东晋咸和年间，有印度僧人来到杭州，见西湖畔峰奇山秀，溪水淙淙，认为是“仙灵所隐”之地，于是在此处建寺，取名“灵隐”，这就是著名的灵隐寺。与灵隐寺隔溪相对，有一座山峰拔地而起，高 209 米，孤峰傲立，与西子湖山清水秀迥然不同，取名“灵鹫峰”，因有从印度飞来之说，所以世称飞来峰。

飞来峰造像分布在山岩石壁上或洞壑中，据《中国大百科全书·考古卷》统计，现保存较完整者有 280 多尊。其雕刻时间从五代至元，而主体和精华部分为元代造像。

飞来峰现存元代造像 67 龛，大小合计 116 尊。这批造像多造于元代中前期，是在元政府一手扶持下营造的。这其间较重要和最具元代特色的又属梵像部分。

梵式佛部像最多，共有 13 尊。如龙泓洞口上部第 13 龛坐佛，右手结降魔印，左手抱金法轮，为中央如来部主毗卢舍那。第 16 龛坐佛手握摩尼珠，为南方宝部主宝生佛。溪畔石壁第 48 龛坐佛，双手结弥陀定印，掌心托宝瓶，为无量寿佛。无量寿佛背后高处崖间第 55 龛坐佛左手作入定印，右手作降魔印，为释迦佛。傍溪栈道中第 37 龛宝冠释迦像，通座高 220 厘米。像饰宝冠、璎珞、环钏，如菩萨形。右手结降魔印，是释迦菩提树下降魔成道的坐像。佛像戴冠或作菩萨形，是密教

造像的一种特点。第60龛无量寿佛坐像，通座高近2米，双手结弥陀定印，上置宝瓶。

呼猿洞第70龛释迦三尊大龛，造型雄伟严整，为飞来峰造像之最大规模者。其本尊通座约高360厘米，左胁普贤持莲，右胁文殊执剑。释迦像与第60龛无量寿佛基本一致，均为飞来峰最优秀的梵式佛像。据题记和造像规模推测，当为至元二十九年（1292）杨琏真伽所造。

一线天洞口第25龛，像高约140厘米，作菩萨形，右手握金刚杵，左手握金刚铃，交叉于胸前，结金刚吽迦罗印，全跏坐。这也是藏传佛教所特有的一种佛像，此佛有时现作男女相抱的欢喜佛，这种现象在元代及其后明、清时期的藏传佛教中颇为流行。《元史》二百零三卷工艺条中记著名藏传佛教造像工匠刘元"所为西番佛像多秘，人罕得见者"，所指很可能就是这种欢喜佛。

梵式菩萨部造像计有11尊，数量位居第二。出现了许多广臂多面的菩萨像，因此这也是藏传佛教像的一大特色。飞来峰第15、36、64龛，均为四臂观音像，前二手合掌，后左手持莲，后右手执数珠，和通常的观音像迥然不同。

第49窟的狮子吼观音像，就是一尊独特的藏传佛教造像。该像座高150厘米，有三目、发髻冠，著虎皮，于狮子座上作轮王坐。后壁右方有一三叉戟，左方有一剑立于莲花之上。此观音作天男相，体魄魁梧，威严中透着慈祥，是飞来峰梵式菩萨中的优秀代表作。

另如第47龛多罗菩萨，通座高150厘米。左手持莲花，右手施愿印，坐莲座上作右舒相。按多罗系眼睛之意。与此相同的题材还有附近的第58龛与呼猿洞第71龛的菩萨造像。但第58龛更符合《大日经疏》所载仪轨："其像合掌，掌中持青莲，如微笑形。"第47龛与71龛的形象与印度波罗王朝造像及清代所译《造像量度经》附图相似。除此而外，一线天洞口第23龛金刚萨埵坐像和第26龛文殊师利坐像，也都是梵式菩萨部造像的典型作品。

佛母亦是密教中重要的一部像。其为佛、菩萨变化或女性得道者的通称。佛母中最受崇信的是"二十一救度佛母"。在元代，二十一救度

飞来峰一线天

佛母又以“大白伞盖佛母”最为流行。帝师八思巴曾在忽必烈的宝座上刻一大白伞盖，以示庇护。影响所及，飞来峰也刻有这一佛母像。如一线天洞外第 22 龛凿刻有高约 150 厘米的造像，龛楣题刻有“一切如来顶髻中出大白伞盖佛母”名号，即为这位佛母。《大白伞盖总持陀罗尼经》说她“一面二臂具三目，金刚跏趺而坐。右手作无怖畏印，左手执白伞当胸，严饰种种璎珞……具喜悦相”。雕像头部向右下方微斜，这在飞来峰历代造像中是少见的。

属佛母部的还有第 55 龛的尊胜佛母，亦称佛顶尊胜。该佛母像高 110 厘米，三面三目八臂，分执各种法器，是飞来峰唯一的一种多面广臂密教造像。另呼猿洞第 67 龛也有一尊与此相同的佛母像。

飞来峰梵式造像护法部最突出者为第 46 龛的多闻天王像。天王骑狮，总高约 314 厘米。他身穿甲胄，右手执幢幡，左手攫一鼠狼，鼠狼口中吐出珠宝。他既护法，又司掌财宝，给人福寿如意。其实他就是藏传佛教特殊的财神，号称“大黄财宝护法”，俗称“多宝天王”。在现存的清代藏传佛教寺庙中，常可见到同类天王。此像堪称“神完气足”之作，特别是狮子，筋肉饱胀，威武雄健，大有一跃千里之势。同时天王骑坐如此猛狮，既符合作为护法天王的主题要求，又具有真实生动的优点。

另外，理公塔畔第 7 龛的宝藏神，也是专司财宝的护法神。该神全名“大腹一切庄严大夜义土”。其像通高 231 厘米，全裸大腹，半跏坐，右手持如意珠，左手也握一鼠狼，鼠狼口中吐出珍宝，右脚踏螺，龛右壁莲花上置宝瓶。属财神性质的造像，还有第 41 龛和第 50 龛的雨宝佛母。前者通座高 194 厘米，后者通座高 185 厘米，二者都半跏坐于莲

灵隐寺元代弥勒佛像

台，莲台驮在一猪背上。佛母作喜悦相，右手施愿印，左手持一谷穗。猪与谷穗象征五谷丰登、六畜兴旺。这种形象和后世有很大的不同。后世有些铜铸的小型藏传佛教财神像，将雨宝佛母同宝藏神配对供养，佛母不骑猪。

在宝藏神左侧的第 8 龛还有一形象颇为怪异的护法神金刚手菩萨。该护法神像高 160 厘米，粗短肥壮，右手持金刚杵，右脚作弓步前趋状，面露愤怒神色。是五大力士菩萨之一。

飞来峰理公塔

属护法部的还有壑雷亭对岸第62龛的题名为密理瓦巴的雕像。该像通座高198厘米，裸体踞坐，张口怒目，右臂扬起，形象十分凶猛。像的左侧，有两个雕工细致、体躯比例合度的供养女（头部残损），手托供具，恭敬地向主像呈献。其生动逼真的形态，是飞来峰其他龛像所难以比拟的。

飞来峰大批的汉式造像也有一些杰出之作。但总体观之，呈现出了一种宋代以后中国佛教石窟雕刻艺术的日渐衰落景象。因为有不少龛像造型稚拙，形象臃肿，比例失称，缺乏风骨。正如黄涌泉在《杭州元代石窟艺术》一书里对元代石窟造像总结说："如把它扩大到和国内现存唐、宋造像来比较一下，显然不能跳出佛教雕刻的没落趋势。如衣纹的质感不足，宝冠繁缛琐碎，面部表情缺乏内心传神的联系。总的看来，已流露出形式化的衰退迹象。"①这其中当然也包括对元代梵式造像的批评。不过在中国古代雕塑史上，元代梵式造像还是有其独特影响的，它受多种文化的影响，取得了杰出的艺术成就，得到了评者的高度赞扬。

元代大力提倡藏传佛教，于是乎梵式造像也迅速传遍全国各地。在南宋故都杭州，本来有浓厚的佛教基础，加之经济比较发达，理所当然地就成了凿刻佛像的重点地区。今天，在其他地区的梵式造像湮灭殆尽的情况下，飞来峰的造像可以作为梵式造像的标准样式供人们研究欣赏。

藏传佛教造像在漫长的历史发展过程中，形成了自己独特的艺术风格。如与对其有明显影响的波罗王朝同类题材比较，便可证明这一点。公元11至12世纪波罗时代的多罗菩萨与飞来峰第47龛的多罗菩萨比较，二者坐式手印基本相同，但飞来峰的多罗菩萨像上身倾斜度较大，更有动势。双臂与腰腹更为饱满，乳房却相对较小。脸部眼睛细长，眼皮厚大，是蒙古人种的普遍特征。脸上比波罗菩萨带有更多亲切慈祥的笑容。这些特点在飞来峰其他菩萨造像里也带有普遍性。再将波罗王朝狮子吼观音像与飞来峰第49龛同名造像相比较，二者坐式相似，但后

① 黄涌泉《杭州元代石窟艺术》，中国古典艺术出版社，1958年版。

者坐式端正，形象浑朴健美，具有男子的阳刚之气，而前者具有波罗密宗造像体态柔软扭曲、神情懒散颓废的典型风格。显然这两组雕像属于不同种族，身体各部分的比例如乳房的大小等，也表现出不同民族在人体美方面的不同审美情趣。所以说，我国元代的梵式造像，是在印度波罗王朝艺术的影响下，完全西藏化了的藏传佛教造像艺术。藏族人民的贡献是主要的。另外也应看到，它在传入内地后，也受到了中国汉族传统石窟艺术如唐、宋石刻艺术的影响，蒙古民族的爱好习俗也渗透其间。

作为元代石窟艺术的代表，梵式造像与汉式造像又有哪些不同之处呢？以飞来峰的元代梵式造像和汉式造像为依据，可看出二者所表现出来的不同特点。从总体来看，佛教造像是有严格经规仪轨的。梵式造像对仪轨的遵守极为严格，有具体而繁杂的规定，对工匠也有严格的约束。其作品非常规范化和标准化，同一部像往往如一模所出，甚至不同时代的同类题材造像也很接近。这样做的结果是使其造像特点更加集中明确，但也带来了在历史发展的长河中呆板少变的局限。而汉式造像虽然也遵守一定的仪轨，可在不同的时代里，对仪轨的遵循有松有紧，表现出相对的自由性。

关于飞来峰梵式造像与汉式造像的具体不同点，对元代石窟艺术卓有研究的洪惠镇先生的意见很有参考价值①。具体归纳起来有如下几点。

第一，梵式造像的面部形状有明显的类型化。《造像量度经》明确规定，佛面须形如满月，菩萨、佛母的面部作鸡蛋形或芝麻形，护法为四方脸。这种做法有利于根据不同人物的身份、性别等，刻画塑造鲜明的人物形象及特定的神格与职能。飞来峰的梵式造像是严格遵守这些规定的。

第二，梵式造像的佩饰、服装及肌肤等刻画有自己的特色。如第7龛宝藏神身上的络腋以花朵串成，和通常的珠宝璎珞不同，络腋披肩穿腋而过，既打破了一般挂在胸前的璎珞在装饰上的刻板对称，又冲淡了

① 参见洪惠镇《杭州飞来峰“梵式”造像初探》一文，《文物》1986年第1期。

飞来峰灵隐寺造像

宝藏神肥大身躯在造型上的笨拙臃肿。第49龛狮子吼观音宝带在胸口自然交缠，摆脱了汉式造像常用的对称结绦法，显得活泼生动。许多造像的宝带向后飘起贴在壁上，与汉式的贴身缠绕不同，很好地反映了飘带的轻薄透明与质感。菩萨和佛母常在耳部佩戴一种圆形的优钵罗花，与汉式佩戴的珠珰丝带也不一样。这些新鲜的装饰品还影响了当时的汉式造像，如第30龛杨思谅造弥陀三尊的两胁侍及第34、42、57龛观音等，均采用了上述梵式造像的某些装饰。这在元代以前是没有的。梵式造像还习用富有藏传佛教色彩的莲座为仰瓣，沿用珠纹装饰，须弥座用束腰星斗形等造型，这是区别梵式与汉式的重要依据。

对人体肌肤和饰物法器的表面刻画，梵式造像追求圆润滑腻的艺术效果。这可能与其发源地西藏及阿尼哥等人擅长铜铸、泥塑、脱胎技术有关。据研究者称，飞来峰梵式造像可能以铜、泥造像为范本，这样就自觉不自觉地追求造像的光滑效果。另外，梵式造像的装饰物与衣纹一般都很薄，但第70龛本尊法衣的雕法却较厚重，与希腊、罗马古典雕刻衣纹的手法很相似。这无疑与元代中外文化交流的大环境有关。

第三，梵式造像在人体比例及耳、眼、鼻等细部刻画方面有特色。其人体比例匀称协调，动作姿态变化多端。如佛、菩萨、佛母以一个头长为单位，全身以阴藏（相当于耻骨位置）为中心，上身四个头长，下身四个头长，共八个头长。这很符合造型艺术中的理想比例。另要求双手侧平举等于身体的总长，肩宽相当于二又三分之二头长，腰最细处只有一又四分之一头长。这样，梵式造像很少出现头大身小，手长腿短，躯干方平等不合比例的情况。其间护法像虽然比较矮短，但也是依照“八拃度”“六拃度”的特殊比例规定制作的。另外，梵式造像的姿态、手印、幖帜等也因人而异，比汉式的复杂得多。这样在总体遵循一个固定规则的情况下，使各部像之间又富于变化，在一群龛像中，打破了汉式在同一情况下通常难免的单调感。如金刚萨埵、文殊师利、大白伞盖佛母及尊胜佛母等像，都有各自不同的地方，既不易混淆，又增加了生动性与丰富性。

在细部刻画方面，梵式造像额头平广，额角转折度大，而汉式的额角一般较圆润。梵式的耳垂尖长细巧，不像汉式的圆大厚重。眉眼细长，有时连成一条线，有时两眼圆睁，上眼睑大而略显单薄，不像汉式那么丰满。佛像的肉髻高耸如桃形，称作无见顶式或无见髻相，与汉式的馒头形肉髻完全不一样。这种新的肉髻样式还为同时代的飞来峰汉式造像所采用，并且对明、清的汉式造像也产生了深刻影响。现存北京碧云寺明代木雕释迦牟尼像及北京圣安寺清代纻漆释迦像，就均采用了无见顶肉髻的形式。

飞来峰梵式造像的艺术成就是突出的，但也存在一些不足之处。如前所提到的注重装饰性，对人物风骨刻画不够。还有人体比例虽然匀称协调，但对人体结构与肌肉解剖的理解略显不足，因而表现在对腿臂等的刻画上软弱无力。造像的表情也较呆滞，不像唐、宋汉式造像那样富有精气神。尽管如此，它仍可代表元代雕塑的最高水平，在中国艺术史上占有一席之地。

三、龙山石窟道教造像

龙山石窟位于今山西省太原市西南 20 千米处。开凿于元初，共有 8 个洞窟，分别为虚皇洞、三清洞、卧如洞、玄真洞、三大法师洞、七真洞及两座辩道洞。各洞造像数量不等，计有 28 尊，除三清洞和七真洞保存较完整外，其他都不太好。

三清洞据西壁李志全祝文，可知完成于蒙古太宗八年（1236）。其正壁雕造道教的最高神祇元始天尊（中）、太上道君（左）、太上老君（右）等三清像，左右胁侍有马钰、谭处端、刘处玄、丘处机、王处一、郝大通六真人及六侍者。洞窟平面呈“冂”形，正面主尊高 1.7 米，主尊左右二身各高 1.65 米。两边者高 1.6、1.5、1.4 米不等。多已残破，只有太上老君和王处一两像较完整。七真洞亦名“玄门列祖洞”，建成于蒙古太宗八年，雕刻有全真道首创者王重阳的七大弟子像。中间三尊，两侧各两尊，顶部镌刻有双龙戏珠，门内两侧各刻有一鹤，门外两侧原有隐起武士像各一尊。刻画了道教尊神和得道成仙的真人等形象，较为平易近人，具有仙人与凡骨的双重性格。卧如洞亦名升仙洞，正中为着道士服装，枕左胁而卧的吕祖升仙像，左右恭立二道童。三大法师洞顶的凤凰彩云浮雕特别引人注目。在约 3 米见方的窟顶平面，满雕着

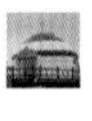

太原天龙山

一组富丽的图案，内容是一对飞翔着的凤凰，以完全对称的形式相互追逐于云朵中，形成一个圆盘式的构图。在装饰手法方面，与某些北朝佛窟，如巩县石窟寺第 5 窟或龙门宾阳中洞的窟顶天花有某种相似之处。但佛窟中出现的是神化的飞天伎乐，而此处却是充满民间吉庆意义的凤凰和祥云。

整个龙山道教造像继承了五代、宋道教造像的传统技法，又受当时佛教造像的影响，不过元代的时代风格仍是显著的。如前面介绍的三清洞的三清像，在布局上虽与佛教的三尊像相类似，但所有的人物形象和服饰及台座装饰等，都是元代的样式。在雕刻手法上虽朴实敦厚，但显得松软无力，较少变化。

龙山道教造像在艺术水平方面虽不是很杰出，但由于这批道教石窟造像系海内孤品，所以对研究元代道教石刻艺术具有很高的学术与文物价值。

第二节
寺庙雕塑

>>>

元代寺庙雕塑主要是佛教、道教、原始宗教以及摩尼教方面的内容。

由于元朝统治者尊崇藏传佛教，所以藏传佛教雕塑比较兴盛。但也有不少一般的佛、菩萨像。藏传佛教雕塑主要是结合藏民族古代习俗信仰，并吸收不少印度成分，加之对中国传统佛教雕塑技巧的继承而成。如比较多见的铜铸菩萨像，在造型上虽然接近于印度形式，但与中国佛教盛行的唐代塑像，特别是敦煌和天龙山的造像，似有某些相像之处。比较独特的是仅有简单的瓔珞、臂钏等装饰的近乎赤裸的佛、菩萨像。道教与原始宗教方面的寺庙雕塑也有了一定程度的发展。特别是还出现了摩尼教雕塑，尤为珍贵。

元代寺庙雕塑今尚有不少遗存，约略可以看出其当时的繁盛局面①。佛教方面，如北京西郊十方普觉寺（俗称卧佛寺）的铜铸佛涅槃像，铸于元英宗至治元年（1321）；北京昌平居庸关过街塔基座券洞的四大天王等浮雕，约建成于元顺帝至正二至六年（1342—1346）；山西洪洞县广胜寺下寺大殿的三世佛、文殊、普贤菩萨塑像，约塑成于元成宗大德九年至元武宗至大二年（1305—1309）；山西襄汾普净寺的华严三圣（毗卢遮那佛、文殊、普贤二菩萨）、观音菩萨、地藏菩萨、十八罗汉等塑像多为元代作品；山西灵石资寿寺中的79尊塑像，其中不少系元代作品，寺成于元泰定帝泰定三年（1326）；山西五台山广济寺大雄宝殿的塑像组群，约成于元顺帝至正年间（1341—1370）；山西浑源永安寺传法正宗殿的三世佛、罗汉、天王塑像，成于元仁宗延祐二年（1315）；四川阆中永安寺大殿的三佛、十地菩

① 参见《中国大百科全书》美术卷，元代雕塑条，第1027页。

北京卧佛寺琉璃牌坊

萨、六臂观音等塑像，约成于元顺帝至正八年（1348）；云南昆明圆通寺的泥塑佛像，约成于元成宗大德五年至元仁宗延祐七年间（1301—1320）；西藏萨迦县萨迦寺等处也保存有不少元代雕铸的佛像；浙江宁波阿育王寺的浮雕天王像等。另外，建于元成宗大德十年（1306）的江苏吴县万佛石塔，建于元顺帝至正十八年（1358）的广东南雄珠玑古巷石塔上面作为装饰用的石雕佛、菩萨、天王、力士等形象，元大都遗址出土的铜、瓷菩萨、罗汉像以及散存于各地的元代佛教寺庙雕塑像，都展现出元代佛教雕塑的丰富性和多方面艺术成就。

作为元代寺庙雕塑的道教雕塑，与佛教雕塑相比要少得多，今所知者有建于元仁宗延祐六年至元泰定帝泰定元年（1319—1324）的山西洪洞龙王庙明应王殿的明应王、四近侍及四官员塑像；山西芮城的永乐宫三清殿塑像；山西晋城玉皇庙的二十八宿塑像等。其中永乐宫三清殿塑像与玉皇庙二十八宿塑像颇为重要。

永乐宫三清殿塑像惜今多已被毁，只是神龛后屏壁背面所塑的吕洞宾及弟子的塑像尚可见到。从所见者看，其人物造型与整体结构有许多优异之处，尤其是衣带的飞动飘逸，表示出神仙云游的气氛。还有其衣纹的明朗简洁与线条的流利酣畅，均表现出了作者高度的艺术概括能力与写实技巧，是元塑中的佳品。

摩尼造像今只见福建晋江草庵摩尼光佛像，是已知中国仅存的摩尼教造像。

一、山西晋城玉皇庙二十八星宿神像

山西晋城玉皇庙二十八星宿神像，是元代道教塑像之精品。二十八星宿原是我国天文学上用以观察天体经纬度及四季行运的28组赤道星坐标，封建统治者将其神秘化、人格化，附以一种人物形象。唐代袁天罡编了一套演禽数，给二十八星宿增添了动物形象，这样便把星宿名、七纬、禽兽、人物形象结合在一起，形成了二十八星宿神像。按道教尊元始天尊为宇宙的最高主宰，二十八星宿被看作是元始天尊的侍从官，并各自主持人间的不同事物。

玉皇庙二十八星宿神像是一批较为完整的有着人物和动物形象的泥塑。其取男、女、鬼等像，而男女的年龄、表情、姿势均无一重复。如有鹤发童颜、和蔼可亲的老者（毕日鸟、胃土鸡、房日兔、昴日鸡），有胸怀谋略、峨冠披带的文臣官吏（星日马、奎木根、氐土貉），有气宇轩昂、长袍帷帽的文人处士，有威武凶猛、身披铠甲的武将（柳土獐），有怒发冲冠、袒胸露背的赤胆厉鬼（室火猪），以及冰清玉洁、霞帔珠冠的贵妇千金（牛金牛、箕水豹、娄金狗）等各具特色的艺术形象。

这些艺术形象的表情各异，有的谈笑风生，有的笑逐颜开，有的敦厚蕴藉，有的沉思不语，有的怒目裂眦，各尽其妙。姿态动作方面均处

于一种运动状，但动中又有区别，有的动中寓静，有的静中有动。就是对头发的处理也变化多端。如有的长发披肩，有的蓬头乱发，有的怒发冲冠，各洽其情。从而可看出作者的卓越才华与高超艺术技巧。另外也可看出，玉皇庙二十八星宿神像，既继承了我国宋代雕塑形神兼备的传统，又将本地人的各种外表类型加以融汇提炼，创造出具有晋东南人物特征的艺术形象。如其中的贵胄千金和文人处士的面相，多为瓜子脸、宽额头、丹凤眼、低颧骨、薄嘴唇、细长鼻梁、尖下颌。这种面相在今天的晋东南也是随处可见。这说明，山西地区在元代时的雕塑水平是很高的，它与大都的梵像和道教雕塑艺术遥相辉映、彪炳青史。

玉皇庙二十八星宿神像至今基本保存完好，并以其高超的艺术技巧和鲜明的形象，为研究元代艺术提供了珍贵的资料，同时对了解我国古

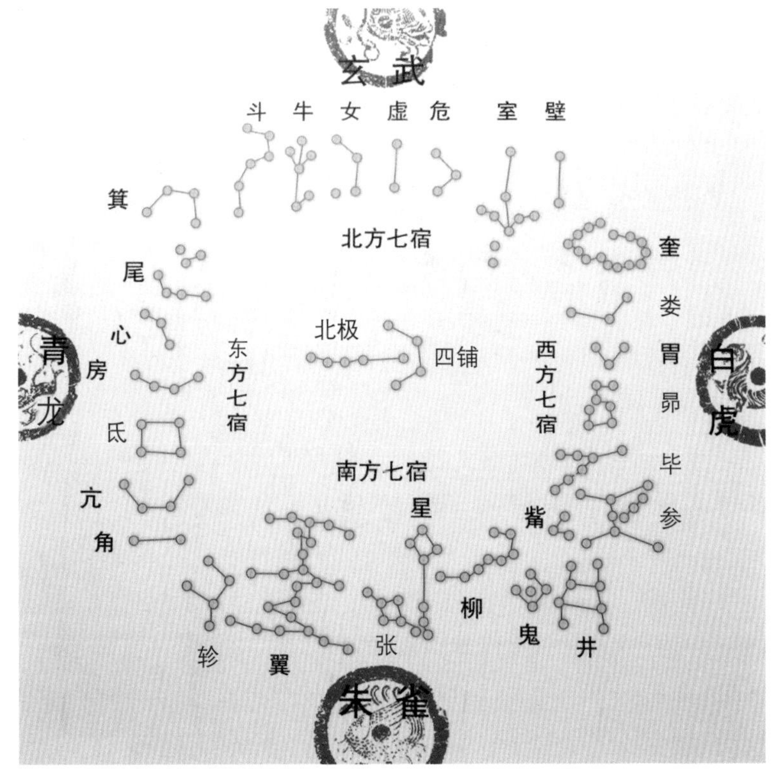

二十八星宿四象

代星相学、二十八星宿图形标志的变化以及元人的美学爱好等也极具资料价值。

二十八星宿涉及我国古代文化的多种学科领域，而对其形象、仪仗的描述数《元史·舆服志》记载最详。结合元代壁画、雕塑等实物形象，将二十八星宿名称及各自的动物标识如下。

东方青龙七宿：

角——蛟　亢——龙　氐——貉　房——兔
心——狐　尾——虎　箕——豹

南方朱雀七宿：

井——犴　鬼——羊　柳——獐　星——马
张——鹿　翼——蛇　轸——蚓

西方白虎七宿：

奎——狼　娄——狗　胃——雉　昴——鸡
毕——乌　觜——猴　参——猿

北方玄武七宿：

斗——獬　牛——牛　女——蝠　虚——鼠
危——燕　室——猪　壁——貐（野猪）

据史料记载，二十八星宿源于中国，在殷商时代即已形成，西周时初步确定下来，是中国天文学的伟大创造之一。而以二十八种动物作为二十八星宿的标志，则到了元代才正式确立。晋城玉皇庙二十八星宿的动物标志及永乐宫壁画二十八星宿的动物标志即为明证。并且说明宫廷仪仗队中二十八星宿旗，不仅每宿有相同的动物标志，而且还有神人形

象为代表，这对研究元代美术中的二十八星宿形象也极为难得，现参照《元史·舆服志》摘录如下。

角宿旗，青质，赤火焰脚，画神人为女子形，露发，朱袍，黑襕，立云气中，持莲荷，外仗角，亢以下七旗，并青质，赤火焰脚。角宿绘二星，下绘蛟。

亢宿旗，青质，赤火焰脚，画神人，冠五梁冠，素衣，朱袍，皂襕，皂带，黄裳，持黑�子，外仗绘四星，下绘龙。

氐宿旗，青质，赤火焰脚，画神人，冠小冠，衣金甲，朱衣，绿包肚，朱拥项，白裤，左手仗剑，乘一鳖。外仗绘四星，下

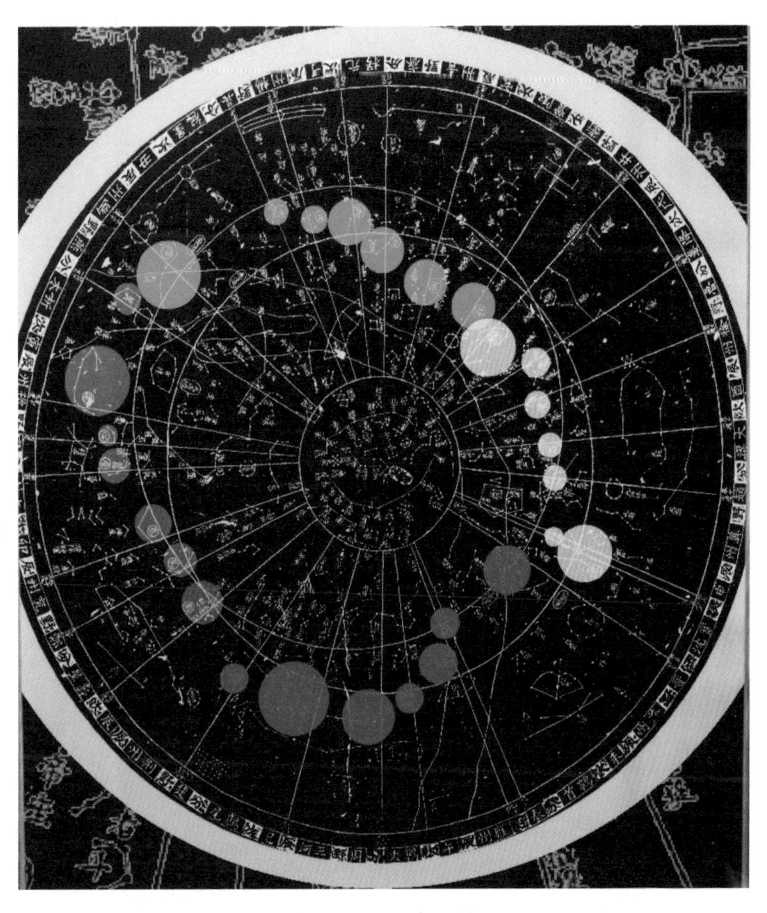

二十八星宿图

绘貉。

房宿旗，青质，赤火焰脚，画神人，乌巾，白中单，碧袍，黑襕，朱蔽膝，黄带，黄裙，朱舄，左手仗剑。外仗绘四星，下绘兔。

心宿旗，青质，赤火焰脚，画神人，冠五梁冠，朱袍，皂襕，右手持杖。外仗绘三星，下绘狐。

尾宿旗，青质，赤火焰脚，画神人，冠束发冠，素衣，黄袍，朱裳，青带，右手仗剑，左手持弓。外仗绘九星，下绘虎。

箕宿旗，青质，赤火焰脚，画神人，乌巾，衣浅朱袍，皂襕，仗剑，乘白马于火中。外仗绘四星，下绘豹。

头宿旗，青质，赤火焰脚，画神人，被发，素腰裙，朱带，左手持杖。外仗斗牛以下七旗，并黑质，黑火焰脚。头宿绘六星，下绘獬。

牛宿旗，青质，赤火焰脚，画神人，牛首，皂襕，黄裳，皂舄。外仗绘六星，下绘牛。

女宿旗，青质，赤火焰脚，画神人，乌牛首，衣朱服，皂襕，黄带，乌靴，左手持莲。外仗绘四星，下绘蝠。

虚宿旗，青质，赤火焰脚，画神人，被发裸形，坐于瓮中，右手持一珠。外仗绘二星，下绘鼠。

危宿旗，青质，赤火焰脚，画神人，虎首，金甲，衣朱服，貔皮汗胯，青带，乌靴。外仗上绘三星，下绘燕。

室宿旗，青质，赤火焰脚，画神人，丫发，朱服，乘舟水中。外仗绘二星，下绘猪。

壁宿旗，青质，赤火焰脚，绘神人为女子形，被发，朱服，皂襕，绿带，白裳，乌舄。外仗绘二星，下绘貐。

奎宿旗，青质，赤火焰脚，绘神人，狼首，朱服，金甲，绿色肚，白汗裤，黄带，乌靴，仗剑。外仗奎、娄以下七旗，并素质，素火焰脚。奎宿绘十六星，下绘狼。

娄宿旗，青质，赤火焰脚，绘神人，乌巾，素衣，皂袍，朱蔽膝，黄带，绿裳，乌舄，左手持乌牛角，右手仗剑。外仗绘三星，下绘狗。

胃星旗，青质，赤火焰脚，绘神人，被发，裸形，披豹皮白腰裙，黄带，右手仗剑。外仗绘三星，下绘雉。

昴星旗，青质，赤火焰脚，绘神人，黄牛首，朱服，皂襕，黄裳，朱舄，左手持如意。外仗绘七星，下绘鸡。

毕宿旗，青质，赤火焰脚，绘神人，作鬼形，朱裩，持黑仗，乘赤马，行于火中。外仗上绘八星，下绘乌。

觜宿旗，青质，赤火焰脚，绘神人，冠缁布冠，朱服，皂襕，绿裳，持一莲，坐于云气中。外仗绘三星，下绘猴。

参宿旗，青质，赤火焰脚，绘神人，被发，衣黄袍，绿裳，朱带，朱舄，左手持珠。外仗上绘十星，下绘猿。

井宿旗，青质，赤火焰脚，绘神人，乌巾，素衣，朱袍，皂襕，坐于云气中，左手持莲。外仗井，鬼以下七旗，并赤质，赤火焰脚。井宿绘八星，下绘犴。

鬼宿旗，青质，赤火焰脚，绘神人，作女子形，被发，素衣，朱袍，黄带，黄裳，乌舄，右手持杖。外仗绘五星，下绘羊。

柳宿旗，青质，赤火焰脚，绘神人，作女子形，露髻，朱衣，黑襕，黄裳，乌舄，抚一青龙。外仗绘八星，下绘獐。

星宿旗，青质，赤火焰脚，绘神人，冠五梁冠，浅朱袍，皂襕，青带，黄裳，乌舄，持黄称。外仗绘七星，下绘马。

张宿旗，青质，赤火焰脚，绘神人，衣豹皮，朱带，秦靴，右手仗剑，坐于云气中。外仗绘六星，下绘鹿。

翼宿旗，青质，赤火焰脚，绘神人，冠道冠，皂袍，黄裳，朱蔽膝，仗剑，履火于云气中。外仗绘二十二星，下绘蛇。

轸宿旗，青质，赤火焰脚，绘神人，冠道冠，衣朱袍，黄带，黄裳，左手持书。外仗绘四星，下绘蚓。①

---

① 参见《元史·舆服志二》。

二、居庸关云台雕刻

居庸关云台雕刻是元代浮雕石刻。居庸关云台建筑情况前已述及，它建于元顺帝至正二年至五年（1342—1345），今存塔基，即居庸关云台。云台券门内外遍雕佛像。券顶雕石曼陀罗，两侧斜面雕十方佛、千佛，券洞内两壁左右雕刻护法天王。南北券门呈半六边形，保存了唐、宋以来的城关门洞的形式，面上雕有“六拏具”，即大鹏、龙子、鲸鱼、童男、兽、象等。空间雕以卷草和交杵。这些浮雕和装饰物，由于均源自西藏桑鸢寺及萨迦寺，所以均具有浓厚的藏传佛教雕刻艺术的特点。另外，还雕有梵文、藏文、八思巴文、畏兀儿文、西夏文和汉文等 6 种文字的经文咒语和除梵文外的 5 种文字的造塔功德记及建塔有关的人名记。

北京居庸关

居庸关云台雕刻在雕刻技巧方面大多以“减地平钑”与“剔地起突”等手法雕刻成，只有云台上挑出的龙头近于圆雕。其中又以天王像最为生动成功。天王头戴化佛冠，着兽头披膊，鱼鳞行膝及人字铠甲。东南墙长天手持宝剑，东北持国天手抱琵琶，西北多闻天持伞，西南广目天一手握蛇。四天王多脚踩鬼神。此天王像刻工娴熟，形象威武雄壮，战袍衣带飘动，动静相间，刚柔相济，表现了很高的艺术技巧。

居庸关云台是现所知最早、最大的一座过街塔实物，它的雕刻艺术及 6 体文字石刻，是研究我国古代雕刻及文字的重要实物资料。

三、晋祠内的元代彩塑

晋祠位于山西太原市西南 25 千米的悬瓮山麓，是一座历史悠久的古建筑园林，其中有不少唐、宋、金、元及明各代遗存的文物。据史

| 晋祠门楼 |

书记载，晋祠内有武场伴奏的乐队。每组各 7 人，每组队列前各有一童子、一执印人，其他 5 人均为奏乐者。塑像高约 1.6 米，均为女性。其体态修长，亭亭玉立，面部圆润，表情严肃认真，但略显呆滞。所持乐器有笙、管、箫、铙、鼓、板、钟、琵琶等，酷肖实物。其雕塑手法朴质自然，细腻传神，富于质感。衣纹彩绘鲜艳绚丽、简洁明快。对了解元代山西地区彩绘及音乐、服饰等具有一定的史料价值。

四、晋江草庵摩尼光佛像

晋江草庵位于福建省晋江市万山峰（又名华表山），距泉州市 13 千米。庵内依石壁浮雕刻成一尊摩尼光佛像。此佛像跏趺而坐，身着通肩长衫，双手叠置膝上。其满头长发分披于双肩，额下并有二缕长髯。身后有圆形背光，径 1.98 米，内雕放射状之波纹形光焰纹。其造像手法多借鉴袭用佛教造像的雕刻程式，但在局部上又做出了符合摩尼教的特殊处理。背光旁有元代信士陈真泽等于元世祖至元五年（1268）镌刻的铭记。另据史书记载，晋江草庵亦创建于元代。

摩尼教最早创立于古波斯，因创始人摩尼而得名，约在晋代传入中国，唐代在都城长安的西域商人中流行，唐武宗会昌五年（845）灭法后信者渐稀，晋江草庵摩尼光佛像是已知的中国仅存的摩尼教造像，因此对研究我国东南沿海与中亚诸国的宗教及商业交流有一定的参考价值。

第八章

8 陵墓雕塑与装饰工艺品

元代陵墓雕塑与前朝及后代均有所不同，即皇帝陵墓迄今未有发现，倒是随着地下发掘的开展，有大量富庶人家及官吏的陵墓被大批地发掘出来。这其中皇帝陵墓的没有发现与蒙古民族的丧葬习俗有关。据史籍记载，元朝时皇帝去世一般运回原籍埋葬。其埋法是将尸体与陪葬物挖坑掩埋平，上面不留任何痕迹。只是在埋葬地杀一头小骆驼，来年根据母骆驼号哭幼子之地来识别埋葬地进行祭祀。数年后其地草木繁盛，就再也无迹可寻了。因此造成元朝不像唐、宋或明清那样，有不少皇帝陵墓雕塑可供研究，倒是不少富庶人家及官吏的陵墓雕塑可填补这方面的缺口。这些富庶人家及官吏陵墓主要包括陪葬陶俑及砖雕等内容。

如陕西西安曲村的耶律世昌（在元朝做官的契丹人）夫妇合葬墓，出土各式陶俑 95 件；陕西户县秦渡的元左丞相上柱国秦国公贺胜墓出土陶俑 92 件；陕西西安南郊曲江池西村的元京兆总管府奏差提领经历段继荣夫妇合葬墓，出土陶男女俑、陶马共32件；陕西西安南郊山门口元墓，出土男女俑、陶马、驼20多件。这些陶俑大都具有浓厚的写实风格，无论男女文武，面目服饰均呈蒙古民族特征，神情刚健雄浑、喜悦开朗。陶马、陶骆驼、陶狗等动物形象亦颇见功力。

有砖雕内容的元墓重要者为山西新绛县吴岭庄的元世祖至元十六年（1279）卫忠家族合葬墓；山西新绛县寨里村的元武宗至大四年（1311）墓；山西侯马的元仁宗延祐元年（1314）赵姓从葬墓等。这些砖雕十分精美，其内容主要是反映元杂剧的演出情况及民间文娱祭祀等活动，不仅在雕塑史上具有重要意义，而且对研究中国古代的戏曲、音乐、杂耍等也是宝贵的形象资料。

内蒙古赤峰市元宝山元代壁画墓，内蒙古赤峰市三眼井元代壁画墓，北京市密云元代壁画墓，凌源富家屯元墓等，有大量反映蒙古民族及其他民族生活的精美壁画及一些工艺品，是研究元代绘画及装饰工艺的宝贵资料。

另外，一些伊斯兰教陵墓也有不少雕刻作品。如在福建泉州清净寺内及灵山上，杭州清波门外，北京牛街清真寺内以及扬州普哈丁墓等处，存留不少雕刻精致的墓石或须弥座。其石座或墓石雕饰之精，是元代工艺之精品。此外，在杭州“柳浪闻莺”公园内有一石砌重檐六角亭，原为元代回族坟地中物，后迁至今地。此种石雕亦是我国南方建筑中现存最早之亭式建筑，而且为石制，颇为珍贵。

装饰工艺品主要指附丽于建筑上的各种雕塑和具有陈设及实用价值的雕刻工艺品。元朝政府对此是非常重视的。在工部下面设有诸色人匠总管府、大都人匠总管府及随路诸色民匠都总管府等，分别管辖百工技艺。并在诸色人匠总管府下又分设梵像提举司、出腊局、铸泻局、银局、镔铁局、玛瑙玉局、石局、木局、竹局等机构。其中梵像提举司管绘画图像及土木刻削之工，出腊局、铸泻局掌金银铸造之工，银局、镔铁局掌金、银、铜、铁等镂刻之工，玛瑙玉器、石局、木局、竹局等掌管琢玉和石、木、竹雕刻之工。另外还设有大都留守司、修内司、祗应司以及器物局等，管辖宫殿、寺观、府邸、公庙等的营缮及皇室日用器物的督造。据元世祖至元初年的统计，仅修内司所管各局，就有工匠

牛街清真寺（礼拜寺）

1 272 户之多[1]。在如此严密庞大的组织机构及众多工匠的参与下，加之民间作坊或个体专业艺人的制作，使元代的装饰工艺制作得到了很大发展。

元代附丽于宫殿、庙宇、祠堂、府第、民居、牌坊、桥梁等建筑物上的雕塑作品，其实物由于年代久远，现存已不是很多。但从元上都遗址及北京、凤阳等城区的出土物亦可略窥一斑。这些地方发现了不少精美的白石或青石的建筑雕刻残件。有螭首和龙凤、狮麟等的隐起或起凸的雕刻。工艺十分精美。另也可从明、清的宫殿和民居上，隐显元代附

---

① 参见《元史·百官志》。

丽于建筑物上的雕塑品的端倪。

元代的雕刻装饰工艺品现今所传者甚多。其使用的材料既有贵重的金、银、玉、玛瑙，也有常见的铜、陶、瓷、竹、木、石、泥等。题材与表现形式多种多样，代表了一部分雕塑艺术脱离宗教崇拜偶像性质而转向世俗的以审美为主的发展趋势。在技法上，既继承了唐、宋的传统手法，又有鲜明的时代特色，对明、清也产生了重要影响。

第一节 陵墓陶俑

>>>

迄今为止所发现的元代陵墓陶俑，主要有陕西户县贺氏墓出土的大量元代俑、西安曲江池西村元墓出土的元代俑、西安南郊山门口元墓出土的元代俑等。

一、陕西户县贺氏墓及其陶俑

陕西户县贺氏墓包括贺贲、贺仁杰、贺胜等三座墓，1978 年 4 月由陕西咸阳地区文物管理委员会与户县文化馆共同发掘整理，均为砖石合砌而成。据墓中墓志铭及有关史料证实，贺胜为“大元故左丞相开府仪同三司上柱国赠推忠宣力保德功臣太傅谥惠愍秦国公”①，其父贺仁杰为“大元光禄大夫平章政事商议陕西等处行中书省事”②，贺仁杰之父为贺贲。

墓中发掘出了大批的陶俑和动物模型。均为黑泥胎，不上釉，表面

① 见墓中之墓志铭。
② 同上。

施一层红色涂料，并以麻布包裹。

男骑马俑有9件。头戴圆形军盔，盔上有缨。身着窄袖长袍，单襟向后裹，束腰带，足蹬靴，发髻从中间分开，双辫垂肩。造型各有不同，有的腰挂长刀，左手据鞍，右手扬鞭（高45厘米）；有的左手扬鞭，右手据鞍，身背弓箭，腰悬箭囊（高46厘米）；有的身背箭囊，双臂甩起，作纵辔跃起状（高40厘米）；有的左手牵缰，右手持枪（高46厘米）。

男牵马俑有4件。其服式基本相同，但发髻等略有区别。如有的双辫垂肩，有的单辫下垂，有的头戴风帽，手持绳索，作赶马出行状。

男牵驼俑1件。身穿窄袖宽袍，腰束宽带，足穿长筒高靴，头挽后髻，髻上系带。

男骑驼俑1件。人物高鼻深目，腮有长须，手持鼓槌，作击鼓状（高41.2厘米）。显然是色目人形象。

男持盆俑2件。足穿长靴，一手举盆，一手下垂。

男卫士俑19件。有手持棍棒及刀、矛、剑、戟等不同形象。

男侍俑7件。有的双手举至胸前，右臂上搭一布巾，有的一臂微曲，一臂举至胸前，臂上搭巾，有的手握长方形板凳。

武士俑1件。披甲戴盔，内套窄袖长袍，腰束带佩剑，穿长靴，手持长柄武器。

男立俑5件。

女持盆俑4件。有的挽双螺髻，两鬓贴短发，有的双辫垂肩，戴耳环。共同之处是均上穿窄袖短衫，双手持一圆形小盆，下穿长裙，下摆垂地，稍露足尖。

女侍俑15件。有的高螺髻，两鬓贴发，戴耳环，双手平举胸前；有的双辫披肩，衣裙左边撩起，右臂搭巾；有的为双螺髻。

另外有马、牛、羊、猪、狗、鸡等动物形象及陶瓶、陶罐、蜡台、香炉等多件。

户县贺氏墓这些陶俑和动物模型，生动传神，形象鲜明，雕塑技巧和造型均有较高水平。如那件男骑骆驼俑，人物是一长髯高鼻的胡籍歌手，正坐在骆驼背上击鼓高歌，神态昂扬、从容自得，可与同类唐俑媲

骑马武士俑

骑骆驼击鼓俑

美。座下骆驼亦极富装饰性，与其本性的迟钝也极相称。大批男女侍从俑的穿戴和梳妆，虽然都是蒙古袍褂或左衽衣裙，但形式仍多种多样，特别是那19件女侍俑，在发式上几乎人各一式，有挽髻、盘髻、单髻、双髻以及双辫等种种不同样式。另外一件卧地反刍的陶牛，亦神态生动，可说是元代一件有代表性的艺术品。

二、西安曲江池西村元墓及其陶俑

西安曲江池西村元墓于1956年被发掘出来，墓主为元京兆总管府奏差提领经历段继荣夫妇，墓室为砖石砌成。墓中出土了大批陶俑和日常生活用品。

男俑8件。均高约28厘米，头戴竖角黑色圆帽，身穿过膝圆领长衣，腰系粗衣带，身后打结，衣带下面长衣两侧衣褶明显。衣服多为白色，只有4人腰部以下长衣前后涂红色。人物的手势有所不同。其中1人双手上举至胸前；5人一臂下垂，一臂上曲；2人一手叉腰，一手下垂提物。

女俑4件。高度与男俑相似，均袖手而立。其中一人头戴簸箕形帽，两束发辫从耳后下垂，身穿白色大衣，腰系扁平窄带，腰带右侧系小袋，左侧系剑；二人上身穿宽袖短衣，对襟，无纽扣，下身穿红色或白色长裙，裙下仅露脚尖，头梳扁圆形发髻，中间插簪；一人服式与上二人全同，唯在脑后挽有圆髻两个。

陶马8件。高为13至14厘米，长20至23厘米，有白色和红色两种。其中有鞍鞯者3匹，尾都打结，只是车中辕马仅有鞍鞯无镫；无鞍鞯者5匹，3匹尾打结，2匹长尾。

另有灶1件、碗3件、碟5件、盆1件、盘1件、罐5件、砚1件、仓2件、瓶1件、鸭蛋壶5件、马车1件、腊台2件、炉3件、铜牛1件、猪1件、瓷枕2件等物。其中5件陶罐，一个小口双耳，高25厘米，腹向下收缩，圆足，足径稍大出罐底；一个带盖圆形，无圈足，沿部有对称的小耳两个，外涂白衣；一个形状较大，已残破；两个无耳小口罐，高24厘米，腹向下收缩，无圈足，深灰色。

这些陶器塑作技艺颇高。8件男俑和4件女俑，均蒙古装扮，如其中一提壶男俑，从衣帽穿戴到脸形神态，一望而知是性格强悍的蒙古族人，特别是两腿叉开的站立姿势，是任何其他时代俑人中没有的。不仅男俑，女俑也如此。4件女俑的服饰装扮也不同，其中一位服装整齐、拱手站立，颇似主妇身份，不仅比例合度，姿态表情自然且富有生气，塑作手法细致，衣裙棱角分明，是一件具有很高艺术水平的人物雕塑佳作。再如那件高20厘米的陶灶模型，结构虽较简单，但从造型艺术角度来看，亦是一件很好的雕塑品，表现了元代蒙古族豪放豁达的气质特点。

三、西安南郊山门口元墓及其陶俑

西安南郊山门口元墓发掘于1988年8月，墓主身份不明，但可确定为身居显位、家境富裕之人，墓为砖石砌成。墓中发掘出了大批陶俑与日常用品。

男俑7件。可分四种不同形式。一式有4件，高31至32厘米，头戴竖角圆帽，身着圆领窄袖中分长衣，系腰带，外衣下摆撩起挽于腰后，足蹬长筒毡靴。其间两件左臂自然下垂，右臂弯曲置于胸前，手握成拳状，另两件右臂下垂，左臂曲置于胸前。二式有1件，服饰、形态与一式同，只是头裹纶巾于脑后挽结。三式1件，高26厘米，头戴方角风帽，帽顶俯卧一只雄鹰，额前从帽檐下露出一绺头发。身穿右衽窄袖长袍，腰束带，足蹬长筒毡靴，左臂贴体下垂，右臂内曲置于上腹，持一物。四式高29厘米，络腮胡须，深眼高鼻，头梳发髻，软巾缠裹，身穿窄袖左衽长衣，腰带上提束于胸部，下穿窄腿裤，足穿皮底毡鞋。

女俑2件。挽双螺髻。头发分梳于脑后。上身着开领短衣，内穿左衽内衣，双手笼袖曲于胸前。长裙曳地，稍露足尖，裙带末端从短衣右侧露出，其中一件双手执巾，垂挂于腹前。

马俑4件。高22至29厘米之间。有的头向左或右偏仰，鞍、鞯、镫、衔齐全，鞍与马尾用草带联结。草带与鞍、鞯等是在俑未干时贴附上去的。有的仅有鞍，昂目前视。

骆驼俑1件。高41厘米，身长29厘米，双峰。

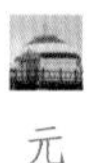

鸡俑1件。高16.5厘米，长11厘米，昂首站立于薄圆座上，雄性。

狗俑1件。高12厘米，身长12.5厘米，形体瘦长，尖嘴，长尾宽扁卷于臀部。四肢弯曲卧于长圆形薄底座上。

另有陶三足炉1件、陶罐2件、陶瓶1件、陶仓2件、陶盖4件、陶腊台4件、陶碗2件、陶蒸笼2件、陶车1辆、三彩瓷枕1件等。

这些陶俑皆为泥质黑陶，其风格与户县贺氏墓和西安曲江池西村元墓出土的陶俑相同。如男俑多两腿叉开，神态倔强，女俑也多是形象轩昂，少有绮丽婀娜之态。这是元代墓俑受蒙古族等北方草原民族文化影响的结果。元代墓俑虽上承唐、宋俑的艺术传统，但却具有强烈的时代特点和时代精神。

第二节
陵墓砖雕

>>>

一、山西新绛吴岭庄元墓及其砖雕

山西新绛吴岭庄元墓是在1979年当地群众整地时发现的，1981年11月，侯马文物工作站与新绛县文化馆联合进行了发掘整理。墓内题记有“降（绛）州正平县宁国乡吴令放卫家墓，老爷卫忠，少爷卫德孙□□，老婆聂氏，少婆冯氏，亲妈崔氏，父卫坚，男卫秀，妻杜氏王氏，孙（挨）和，孙媳薛氏，孙□哥□哥，砌砖匠刘顺小（赵）子，大元国岁次至元十六年十一月十六日迁葬”等记述。可知此墓建于元世祖至元十六年（1279），是卫忠家族合葬墓。

此墓分前后左右四个墓室，前后二室的四壁，均嵌有精美的砖雕。前室北壁中间过洞门，门楼两侧各雕一人，戴直脚幞头，穿长衫，腰束

新绛吴岭庄元墓杂剧砖雕

新绛吴岭庄元墓杂剧砖雕是元代戏曲文物。1978 年发现于山西新绛吴岭庄村北，这组元杂剧砖雕由 7 块砖组成，中间 5 砖各雕一杂剧人物，左右 2 砖各雕两人演奏乐器，皆为浮雕加彩绘。

带，左手抱酒瓶，当为仆人。南壁中间墓门上砌一幅杂剧砖雕，周围有框，框内上部有红色布幔，类似元杂剧的“帐额”。帐额下面共有 7 块砖雕，中间 5 块各雕一杂剧演员，高 20 厘米。左起第一人戴黑色曲脚幞头，穿红色衬衫，圆领窄袖外衣，腰系带，穿蓝裤，着皂靴，两腿并立，足尖向外撇呈八字形。浓眉怒目，双手撩衣外张，类似短打武生角色。左起第二人戴黑色曲脚幞头，内衬红衫，穿金黄外衣，下穿紫裤，腰束带，穿皂靴。脸面左部已残，右部勾画脸谱，形似蝴蝶，双手当胸，当是“装孤”。左起第三人戴直脚黑色幞头，穿圆领宽袖红袍，双手捧笏贴于胸前，当为“末泥”。左起第四人戴黑色曲脚幞头，穿斜领窄袖蓝衫，腰系布带，足穿皂靴，右手执物似为折扇，左手外张甩袖，当为“副末”。左起第五人戴黑色曲脚幞头，穿圆领窄袖红衫，腰系花手帕，左手执团扇贴肩，右手甩袖于胸前，面相丰润，身材修长，显系旦角。在这组杂剧砖雕的两侧，还有以拍板、腰鼓伴奏的司乐人砖雕两块。其一戴黑色曲脚幞头，穿红色窄袖长衫，手执拍板；另一头戴毡笠，顶饰红缨，身穿蓝衫，打腰鼓。杂剧之外，前后两室的四壁间还有30多块反映跑毛驴、狮子舞等由童子扮演的乡村社火节目的砖雕。跑毛驴砖雕有二童子各骑一驴，手中持鞭，一前一后，绕场而舞。狮子舞图中有二童子结双髻，扎衣袖，戴肚兜，各执一布制狮子，一前一后跳跃而舞。另外，还有双人舞和单人舞砖雕。

新绛吴岭庄元墓的杂剧砖雕，生动地反映了杂剧这一艺术形式，由宋杂剧而金院本到元杂剧在晋东南一带的发展状况以及散乐、乡村社火节目的繁荣景象。它不仅以其雕刻的精细而成为中国雕塑史上的一种具有特殊意义的艺术创造，而且对研究中国古代戏曲、音乐、舞蹈、民间杂耍等艺术形式也具重要的参考价值。

二、山西襄汾县曲里村元墓及其砖雕

山西襄汾县曲里村元墓于1983年7月被发现，临汾地区丁村文化工作站作了发掘整理①。墓为单室砖石雕砌墓，平面略呈方形，四角攒尖叠涩穹隆顶。墓室东西宽2.08米，南北长2.35米，高3.1米，墓顶距地表0.55米。墓室墙壁下部砌成须弥座，须弥座下部、束腰部及上边嵌有砖雕78块，内容为花卉、力士、格子门、狮子、马戏、马球、门吏、二女弈棋、教子学书、莲生贵子等。分别如下。

北壁须弥座下部嵌莲生贵子砖雕6块，须弥座束腰部嵌花卉砖雕6块，须弥座上边嵌格子门砖雕6块，两侧各嵌狮子砖雕1块。

莲生贵子砖雕长28厘米、宽10厘米。一组缠枝莲花间坐一裸体小儿，头梳双髻，斜首翘望，双臂左扬右曲，双腿盘叠，作歌舞状。

花卉砖雕长28.5厘米、宽21.5厘米。刻有莲花、牡丹、秋葵等多种花卉。构图疏密有致，意境自然。

狮子砖雕长19厘米、高48厘米。狮子形态各异，踞于须弥座上莲台中。西侧一狮面相温顺，卷毛披肩，前爪踏彩球。东侧一狮面相凶

① 参见陶富海、解希恭《山西襄汾县曲里村金元墓清理简报》，《文物》1986年第12期。

元代砖雕吉羊构件

猛，昂首张口，双目圆睁，长毛披脑后，前爪踏一彩球。

格子门砖雕长 28.5 厘米、高 49 厘米。刻有花纹、牡丹等装饰物。

东壁须弥座下部嵌有莲生贵子砖雕 6 块，束腰部嵌力士、花卉砖雕 10 块，须弥座上嵌有马球、马戏砖雕 6 块。其中莲生贵子与花卉砖雕与北壁相同。力士砖雕宽 13.5 厘米，高 23 厘米。力士头戴厚重覆莲巨帽，满脸堆肉，敞胸露腹，右肩斜披绸带，右腿平曲，左腿立曲，双手紧按双膝，坐于莲花之上。显示了力撑千斤的神态。

马球砖雕宽 21.5 厘米、高 25 厘米。其中有的打球者头扎软巾，身穿长袍，足蹬马靴，左手执缰，右手持偃月形球杖向后高举，正追逐击珠。马架鞍，尾打结，四蹄腾空向前。有的打球者左手挽缰，右手执球杖，正勒马返身击球。马跑较缓慢。有的打球者左手勒回马头，右手执球杖，俯首视球欲击，马奔跑方向与前者相反。

马戏砖雕宽 21.5 厘米、高 25 厘米。有的总角童子身着短衣，斜披绸带，双腿并直立于马鞍之上，双手各执一面三角旗挥舞。马缰系于鞍上，马尾打花结，四蹄腾空，其势如飞。有的右腿弯曲前蹬，左腿向后略弯，立于马背之上，双手各执一把短戟挥舞。

西壁的砖雕在数量与内容方面和东壁基本相同，只是在马戏、马球砖雕的排列组合上略有变化。

南壁是墓门开口处，门口的两侧嵌莲生贵子砖雕两块、花卉砖雕两块。墓门上部嵌二女弈棋、教子学书、门吏等砖雕多块。

二女弈棋砖雕宽 21.5 厘米、高 25 厘米。画面下部置一矮几，几上二女盘腿对坐，中置围棋盘。其中右边一女面带微笑，右手正向棋盘左下角下子；左边一女双手置膝间，俯视对方下子处，弈棋的斗智斗巧及盎然情趣活灵活现。

教子学书砖雕宽 21.5 厘米、高 25 厘米。画面右侧一童子坐于桌后，桌前卧一小猫，桌上有书及石板，童子右手执笔仰视其母，其母坐于左侧椅上，作拉手解说之势，生活气息和母子相洽交流之情非常浓郁。

此墓中发现的大批砖雕，内容丰富，刻画真实，艺术价值很高。特别是其中的马戏、马球砖雕尤为珍贵。马戏和马球是我国具有悠久历史的民族体育项目，但作为地下出土文物，特别是砖雕的形式出现却很少见。因此，它的发现不仅对研究我国古代雕刻艺术有价值，而且对研究马戏、马球这一传统体育项目的发展、演变、分布地域等，也提供了珍贵的实物资料。

第三节
装饰工艺品

>>>

元代的装饰工艺品在故宫和其他一些博物馆都有收藏，近年地下发掘出来的亦为数不少。如故宫博物院收藏有元名雕漆家张成、杨茂的数件雕漆作品。地下发掘者如元大都旧址出土的多件元青花瓷，河北保定出土的青花釉里红雕花盖罐，江西丰城市出土的釉里红瓷器，上海青浦元代任氏墓中出土的多件瓷器、漆器，内蒙古赤峰三眼井元墓中出土的瓷器，浙江海宁元贾椿墓中出土的漆器、瓷器，内蒙古赤峰大营子窑藏的大批元代瓷器等。其中以瓷器、漆器数量居多，质量最佳。

一、瓷器

瓷器是元代对内对外商业贸易的重要物品之一，需要量很大，从而促进了陶瓷业的发展。元瓷形制，继承宋代诸窑烧制技术，又有自己的特色。如元代瓷器在釉色方面釉厚而重，浓处或起条纹，浅处仍见水浪，这是其独特之处。另元瓷受蒙古民族习俗的影响，有些式样为前代所无。如仿奇兽怪鸟形状做成的器物以及壶上附以大耳等。其次元代好武尚勇，其武力强盛为前代所无，故这种胜利者的心态亦反映在瓷器上，如中国陶瓷史上色彩绚丽、光辉灿烂的戗金瓷器就盛行于元代，表现了其气焰万丈。这种五彩戗金瓷器以及其他带有蒙古民族特色的器具，颇为别致。

元代瓷器品种很多。以景德镇烧制的进御瓷器为例，就有青瓷、白瓷、印花、雕花等多种。特别是青花瓷器的烧制，自晚唐创始以来，历经宋、金，到元代趋于成熟。其中又以景德镇的青花瓷器为代表。

元代最著名的瓷器为青花瓷器。其胎质呈豆青色，淡雅清爽，上绘以比较繁复的装饰图案。如故宫博物院所藏的四件青花大盘，其盘心系

元代青花凤首扁壶

用三种不同的花纹组成图案，三种纹饰用简单的线条隔开。青花釉里红还集中了雕、绘、镂等多种技法，使瓷器成为综合性艺术品。1964年在河北保定出土的一青花釉里红雕花盖罐，在浑厚的器体上综合使用了彩绘、雕刻、镂、堆、贴等多种技法，以蓝、红两种色彩表现，在菱形开光内，用镂堆法突出了红花、蓝叶四季园景的主题装饰，配以雄狮盖钮，使器物显得古朴典雅，是一件元代瓷器佳品。

1979年在江西丰城发现的元代纪年釉里红瓷器，为1949年后考古发现的仅见。计有塔式四灵盖罐一件，楼阁式瓷仓一件，瓷俑二件。这四件器物釉色均呈青色，用青花和釉里红粉饰，或用青料书写文字，釉质光泽温润，瓷胎洁白细腻，器物造型别致，雕刻及装饰手法技艺精湛。

1961年在北京德胜门外元大都遗址也发现了不少元青花瓷器。其中一件青花大盖罐，通高66厘米，口径25.3厘米，腹径47厘米，通体作十三瓣棱形，上覆荷叶式盖，盖钮上画垂云纹，下画仰莲。盖顶与盖钮结合处饰两层莲花瓣，与花心状的钮构成一个莲花整体，花瓣之外有几朵垂云纹，盖面主题为折枝花卉，盖边环以卷草花纹。器身口沿以回纹图案作边，下饰如意垂云纹，再下分别饰以莲瓣纹、朵云纹和垂云纹，垂云纹间饰以菊花，器身主体部分以不同种类的花卉作图案，花卉根部饰以山石，器身下部饰以覆莲，仰覆莲内部分别填以花卉及四叶菊花，两莲中间以回纹带相隔，底足周环以卷草纹。装饰繁缛，但色调统一，显示了很高的制作艺术水准。另外，元大都遗址还出土了一尊神态安详、比例匀称、瓷色温润的青瓷观音像以及青花凤首扁壶、青花带托碗、双凤罐等青瓷制品，亦是元瓷中之佳品。

二、漆器

元代的漆器从流传文物与文献资料来看，主要是雕漆的成就比较大。雕漆又称剔红，是一种名贵的漆器。其制作方法是将漆涂在木胎（或锡胎）上，一层一层涂刷多次，每次上完漆后剔出深浅不同的花纹，故称雕漆。据清康熙年间人高士奇在其《金鳌退金笔记》中说“朱漆三十六次”。当代工漆专家也说，这种雕漆工细者多至百层，所以可称

元代黑漆嵌钿盒

为一种精细的工艺品。这种雕漆的历史比较悠久，按照曹昭《格古要论》中的说法，我国宋代已经有了这种精美的雕漆工艺品。但宋代实物未见流传，故其情形如何难以评说，元代的雕漆工艺品近年发现数件，件件制作精美。如故宫博物院所藏张成制作的剔红山水人物圆盒，杨茂制作的剔红花卉渣斗，张成制作的剔红花卉圆盘以及安徽省博物馆收藏的张成制作的剔犀漆盒，1969 年在元大都后英房居住遗址中发现的螺钿漆器等。

张成与杨茂，均为浙江嘉兴人，元代著名的雕漆工艺家。清康熙时《嘉兴府志》记载："元时张成与同里杨茂，俱善髹漆剔红器。明永乐，日本琉球购得以献于朝，成祖闻而召之，时二人已殁，其子（张成子）德刚能继父业，随召至京，面试称旨，即授营缮所副，复其家。"可知元代漆器工艺已取得了很高成就，并影响到明代。明初的剔红漆器就是继承了元代的优良传统。

杨茂制作的剔红花卉渣斗，以土黄色罩漆为地，用朱红罩漆堆起，约有 50 道左右的漆层，雕成秋葵、山茶纹样，底和里面用的是数道纯黑色退光漆，底部近边外有针刻的"杨茂造"字款。此器用朱不厚，底

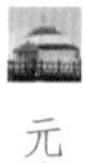

部和里面满布“牛毛断文”。元大都遗址发现的螺钿漆器，是平脱的薄螺钿漆器，是元作品的首次发现。这种圆形漆器出土时已残破，但仍五彩斑斓，嵌片精细。其直径为37厘米，胎用1～1.5毫米的木片做骨，在骨上敷漆灰，将螺钿片直接嵌于漆灰之上，然后涂漆再磨显出螺钿，使螺钿片用盘大鲍或杂色鲍的壳，依其呈现的光泽，截磨成各种的小片，组成一幅以广寒宫为背景的图画。此物属平脱薄螺钿漆器，全部用片嵌，不论其精密细致的技法，或是随彩而施缀的艺术效果，均达到了很高的水平，对明、清的漆器工艺产生了重要影响①。

① 参见中国科学院考古研究所、北京市文物管理处元大都考古队《元大都的勘查和发掘》，载《考古》1972年第1期。

第九章

雕塑家及民间匠师

9

元代对于雕塑刻制是比较重视的，成立了一系列机构予以管理，可以说名师辈现，佳作迭出。在宫殿建筑装饰方面，留名的有杨琼、张柔、段天佑、邱士亨、李合宁以及阿拉伯人也黑迭儿等人。他们多是一代宗匠，雕刻技术精巧。特别是杨琼，世代为石工，元大都的宫殿装饰石雕多出其手。佛教与道教雕塑造像方面，杰出者为阿尼哥、刘元，此二人在《元史》里有传，《中国大百科全书》美术卷里也有专条予以介绍。民间匠师方面，据史载杰出者有张生诸人。正是由于这些杰出艺术家的贡献，才使元代的雕塑以及建筑在继承前代的基础上，取得了富有时代特色的成就，在中国雕塑以及建筑史上占有不可或缺的重要地位。

第一节 阿尼哥

>>>

阿尼哥（Aniko，1244—1306），元代著名的雕塑家、建筑师和工艺美术家，尼波罗（今尼泊尔）人。原为尼泊尔国王族，其国人称之为八鲁布。少聪慧，稍长，诵习佛书，期年即可晓其义。其间同学有为绘画雕塑者，读《尺寸经》，他一闻即能记，表现出卓越的禀赋和才华。中统元年（1260），帝师八思巴奉元世祖忽必烈之命在西藏建黄金塔，欲从尼泊尔请能工巧匠 80 人，其时“阿尼哥年十七，请行，众以其幼，难之。对曰：‘年幼心不幼也’。乃遣之。”① 到西藏后，阿尼哥以其才学深受八思巴的器重，被任命负责黄金塔的修建工程。这是阿尼哥在中国建筑雕塑方面初试身手。中统二年塔成后，八思巴收他为弟子，他落发为僧，八思巴带他到大都晋见世祖忽必烈。“帝视之久，问曰：‘汝来大国，得无惧乎？’对曰：‘圣人子育万方，子至父前，何惧之有。’又问：‘汝来何为？’对曰：‘臣家西域，奉命造塔吐蕃，二载而成。见彼土兵难，民不堪命，愿陛下安辑之，不远万里，为生灵而来耳。’又问：‘汝何所能？’对曰：‘臣以心为师，颇知画塑铸金之艺。’”②

阿尼哥的彬彬有礼和不卑不亢，颇得世祖忽必烈的好感，于是世祖忽必烈为了进一步考察他的“画塑铸金”之艺，命人取来一年久失修的针灸铜像让他修理。阿尼哥大胆尝试，经年修复，使针灸铜像“关鬲脉络皆备，金工叹其天巧，莫不愧服。”③ 经此一试，阿尼哥受到了世祖忽必烈的特别赏识，先后受命完成许多重要寺塔的构思营建、神像的塑妆范畴、帝后御容的制作以及朝廷仪仗礼器的设计制造等。

据《元史》和《中国大百科全书》美术卷的记载，元世祖至元十年

---

① 《元史》列传第九十，阿尼哥条。
② 同上。
③ 同上。

（1273），元朝政府设立统管营造、雕塑、冶铸及工艺制作的机关“诸色人匠总管府”，命阿尼哥为总管。至元十一年（1274），他在上都领导建筑了乾元寺。至元十三年（1276），他又领导建佛寺于涿州（今河北省涿州市）。至元十五年（1278），世祖命他还俗，授以光禄大夫、大司徒，兼领将作院事（掌管金、玉、织造等手工艺品的制作），品级、俸禄相当于丞相，“宠遇赏赐，无与为比”①。至元十六年（1279），主持兴建了圣寿万安寺白塔（今北京市妙应寺白塔），塔成，元世祖非常满意，大加赏赐。其后，又陆续负责营建的重大工程有：世祖至元十七年（1280）的大都南寺，至元二十年（1283）的大都兴教寺以及司天监的浑天仪等天文仪器；成宗铁穆耳时期，又命他于大都建三皇庙，于山西五台山建万圣祐国寺，设计塑造崇真万寿宫的道教神像（成宗元贞元年，1295），领导塑三清殿左右廊房仙真像191身（成宗大德三年，1299）；在山西五台山建塔（成宗大德五年，1301），塑造国学文庙的儒家圣贤像（成宗大德六年，1302），建东花园寺，铸丈六金身佛像；塑城隍庙东三清殿的三清像，补塑、修妆其他道像181身（成宗大德八年，1304）；建圣寿万安寺，造千手千眼菩萨、五方如来。成宗大德十年（1306）病逝于大都，葬于当时的宛平县香山乡岗子原。元武宗海山于至大四年（1311）又追赠开府仪同三司、太师、凉国公、上柱国，谥敏慧，并树立神道碑，彰其功德，宠采有加。

阿尼哥在中国生活了40多年，其间以他多方面的卓越的艺术才能、特殊的创造力和想象力以及极大的勤奋，不仅“凡两京寺观之像，多出其手”②，其他地方的寺观及其雕塑也参与其间或影响及之。粗略统计，他先后主持设计和修建了塔三、大寺九、祠祀二、道宫一，其他如内外朝之物、礼殿之神位、宫宇之仪器、塑像及绘画作品等不可胜记。他为藏传佛教在内地的传播，藏传佛教雕塑、造像及建筑等在元代取得了富有时代特色的成就，做出了杰出的贡献。同时，他也为汉、蒙、藏的美术文化的交流与融合，为中国和尼泊尔两国文化的交流与融合，起到了

---

①《元史》列传第九十，阿尼哥条。

② 同上。

妙应白塔

积极的推动作用。突出事例是由他主持设计建造的圣寿万安寺白塔，至今犹屹立在北京大地上，向人们诉说着这一切。

阿尼哥有子六人，其中阿僧哥、阿述腊两人子承父业，在元朝政府任职。《元史》列传第九十里也约略提到他俩的事迹。阿僧哥曾任大司徒，主持重要寺庙佛像的雕塑、铸造。阿述腊曾在负责营造、雕塑、冶铸的诸色人匠总管府任达鲁花赤（监临、总辖之官）之职。特别是元代另一著名雕塑家刘元，“尝从阿尼哥学西天梵相，亦称绝艺”①。可知阿尼哥的贡献不仅在他本人，而且还为我国培养了一代雕塑人才。

① 《元史》列传第九十，阿尼哥条。

第二节
刘　元

>>>

刘元，字秉元，蓟州宝坻（今天津市宝坻区）人。生卒年不详，大约生活于13世纪中叶至14世纪初叶。早年曾出家为道士，从青州（今山东省青州市）的把道录学习泥塑、铸像、夹纻脱胎等各种雕塑技艺。至元七年（1270），元世祖忽必烈命阿尼哥参与兴建大都大护国仁王寺，并诏求天下奇工为造佛像，刘元被推荐前往从阿尼哥学习西天梵相（即藏传佛教样式的佛教造像）的制作，所造神思妙合，遂为绝艺。他所塑造的元上都三皇观的三皇，被认为“造意得三圣人之微”①。因此，深得元世祖忽必烈的赏识，命其为工匠之长，外出巡幸必使刘元跟从。元仁宗爱育黎拔力八达甚至规定刘元“非有旨不许为人造他神像”②。

刘元不仅能塑土范金，而且还擅长抟换。所谓抟换，古称夹纻，当时称“布裹漆”，今称脱胎，即在土胎墁帛，干后去土胎，再在布帛之表髹漆多次，装銮而成，故京师人俗称“脱活”。刘元的抟换术对元代皇家梵像及藏传佛教造像创作的推广做出了贡献。据文献记载和留传下来的实物可知，元代藏传佛教造像有佛、菩萨、佛母、罗汉、明王、护法等六类造像，其中当有不少留有刘元的手艺。

刘元在佛道雕塑造像方面之所以取得如此高的成就，是和他严肃认真的创作态度分不开的。《元史》列传第九十记载，刘元曾塑大都南城东岳庙的道教造像，当仁圣帝像塑好后，觉得“巍巍然有帝王之度”，可在塑“忧深思远”的侍臣像时，他却久未能动手。后到秘阁看到唐代丞相魏征的画像，才得灵感，并惊喜地说：“得之矣，非若此，莫称为相臣者”。于是急忙回庙中，当天就塑好，“观者感叹异焉”。可见刘元

---

① 《元史》列传第九十，刘元条。

② 同上。

的创作态度是很严肃认真的。

刘元与其师阿尼哥一起，多年为元皇室主持和建造梵像与道教造像，确立了元代梵像和道教造像的风格，影响所及，远达明、清，足见其在中国雕塑史上的地位。

刘元的雕塑作品见之于史书和笔记记载的有不少。如前人笔记记载，元都胜境，在弘仁寺西，相传其中的道教像为刘元所塑。正殿玉皇大帝和右殿三清像，仪容肃穆，道气深沉。左殿塑三元帝君，上元执簿侧首而向，若有所疑，一吏跪而答，诚惶诚恐。一堂之中，皆悚然严寂，神情生动，如闻其声，堪称绝艺。像这样神态逼真的造像，如没有坚实的生活基础和高超的艺术技巧，是很难塑出来的。另据《元史》和《元代画塑记》等史书记载，刘元的雕塑作品还有：仁宗延祐四年（1314）所塑青塔寺山门内四大天王像、上都三皇观的三皇像；仁宗延祐五年（1315）所塑香山寺四天王、毗卢舍那佛及文殊、普贤菩萨像，东岳庙的东岳天齐仁圣大帝及其侍臣、侍女塑像等。

刘元历经元代世祖、成宗、武宗、仁宗四朝，深得信任，曾做过昭文馆大学士、正奉大夫、秘书卿等高官。他以一艺人身份受到如此宠幸，身居高位，这在其他朝代是不多见的。时人称他“刘正奉”，年过70岁而终。

第三节
张生与朱碧山

>>>

张生也是元代颇负盛名的雕塑家，善塑各种佛道人物，并以刻画各种不同人物的神态性格而见长，人称其手艺巧智、古今罕匹。元代释圆至在其《牧潜集》里谈及张生的雕塑作品时曾说过：

态见于容者塑之工也，德见于态者塑之难也；人、鬼以态，菩萨以德，故塑之智至菩萨病焉。削木为骨，抟土为肉，摩金胶采为冠裙容饰，操墁以损益之。丰而为人，瘠而为鬼。粲然布列而为众物，其物其事，必当其类；一堂之上，坐立有度，尊卑有容，怒者、喜者、敬者、居者，情随状异，变动如成人，使观者目悍魄悸，不敢目为土偶，此塑之工也；菩萨则不然，慈眼视物，无可畏之色，以耸视瞻，其姣非婉，其觊非愿……其慈若善，其寂若悦。德悦于容，溢于态，动于神……以张生之艺之智而所成就若此，可知塑之难矣。

通过释圆至的论述，可知张生的雕塑技艺已经达到了很高的境界，同时也说明了元代的雕塑匠师们在创作手法上的现实主义倾向。惜今张生的生平事迹所知甚略，其雕塑作品实物亦很难见到或确定，这为研究介绍张生生平及其雕塑艺术带来了很大的困难。

朱碧山，字华玉，室名长春堂，浙江嘉兴人，元代颇负盛名的铸银工艺家。生卒年不详，约生活于元代中晚期。他以善于创作各种酒器、茶具及案头陈设而著称于世。所制器物有虾杯、蟹杯、鼠啮四爪

元代錾花龙柄银魁

杯、灵芝杯、槎杯、达摩像、昭君像及金茶壶等，都是技艺高超的工艺美术品，深受当时以及后世的文人士大夫们的赏识。惜这些精美的工艺品大多已失传，今所传者有四件槎杯，皆为银器。其中后三件皆制作于元顺帝至正五年（1345）。槎，是一种水中浮木，即以一段有枝杈的树木置于水中，以代舟用，人乘其上可顺流漂浮而行。槎杯的造型是取自西晋张华《博物志》所载有人乘槎至天河遇织女星的神话故事。朱碧山所制的槎杯，比较注重对人物神情的刻画。以故宫博物院所藏者为例，

元代朱碧山银槎

朱碧山银槎是元代的金银器，全世界仅发现四件，其中一件藏北京故宫博物院。银槎标志着元代时期铸银工艺的技艺水平，对于研究元代艺术发展的历史有很大意义。

槎身空洞较小，一道人坐于槎上，左手撑扶，右手拿书卷，容貌清癯而神态安详，呈读书状，似为书中内容所吸引。此槎杯为白银所铸，槎及人身皆铸成后焊接而成，其焊接处了无痕迹，体现出很高的工艺制作水平。

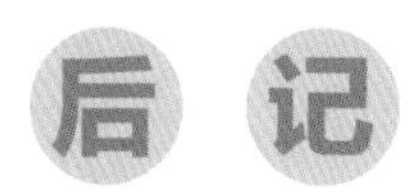

后记

这套丛书，历时八年，终于成稿。回首这八年的历程，多少感慨，尽在不言中。回想本书编撰的初衷，我觉得有以下几点意见需作一些说明。

首先，艺术需要文化的涵养与培育，或者说，没有文化之根，难立艺术之业。凡一件艺术品，是需要独特的乃至深厚的文化内涵的。故宫如此，金字塔如此，科隆大教堂如此，现代的摩天大楼更是如此。当然也需要技艺与专业素养，但充其量技艺与专业素养只能决定这个作品的风格与类型，唯其文化含量才能决定其品位与能级。

毕竟没有艺术的文化是不成熟的、不完整的文化，而没有文化的艺术，也是没有底蕴与震撼力的艺术，如果它还可以称之为艺术的话。

其次，艺术的发展需要开放的胸襟。开放则活，封闭则死。开放的心态绝非自卑自贱，但也不能妄自尊大、坐井观天：妄自尊大，等于愚昧，其后果只是自欺欺人；坐井观天，能看到几尺天，纵然你坐的可能是天下独一无二的老井，那也不过是口井罢了。所以，做绘画的，不但要知道张大千，还要知道毕加索；做建筑的，不但要知道赵州桥，还要知道埃菲尔铁塔；做戏剧的，不但要知道梅兰芳，还要知道布莱希特。我在某个地方说过，现在的中国学人，准备自己的学问，一要有中国味，追求原创性；二要补理性思维的课；三要懂得后现代。这三条做得好时，始可以称之为 21 世纪的中国学人。

其三，更重要的是创造。伟大的文化正如伟大的艺术，没有创造，将一事无成。中国传统文化固然伟大，但那光荣是属于先人的。

21 世纪的中国正处在巨大的历史转变时期。21 世纪的中国正面临着史无前例的历史性转变，在这个大趋势下，举凡民族精神、民族传统、民族风格，乃至国民性、国民素质，艺术品性与发展方向都将发生巨大的历史性嬗变。一句话，不但中国艺术将重塑，而且中国传统都将凤凰涅槃。

站在这样的历史关头，我希望，这一套凝聚着撰写者、策划者、编辑者与出版者无数心血的丛书，能够成为关心中国文化与艺术的中外朋友们的一份礼物。我们奉献这礼物的初衷，不仅在于回首既往，尤其在于企盼未来。

希望有更多的尝试者、欣赏者、评论者与创造者也能成为未来中国艺术的史中人。

史仲文